U0662186

JIAKONG SHUDIAN XIANLU
WURENJI XUNJIAN XITONG JISHU YU YINGYONG

架空输电线路
无人机巡检系统技术与应用

徐嘉龙　主　编
张祥全　周宏宇　副主编

中国电力出版社
CHINA ELECTRIC POWER PRESS

内容提要

本书立足于全面系统性的阐述输电线路无人机巡检系统应用及相关应用技术知识。本书共分六章，内容包括概述、架空输电线路无人机巡检系统、旋翼无人机巡检技术、固定翼无人机巡检技术、架空输电线路无人机巡检技术保障、架空输电线路无人机巡检深化应用。

本书可供从事输电线路工作的管理岗位人员、技术人员、一线员工和无人机研究制造行业相关人员使用，也可供对无人机巡检系统技术和发展感兴趣的社会大众读者学习参考。

图书在版编目（CIP）数据

架空输电线路无人机巡检系统技术与应用／徐嘉龙主编．—北京：中国电力出版社，2017.5（2025.9重印）

ISBN 978-7-5198-0522-7

Ⅰ．①架…　Ⅱ．①徐…　Ⅲ．①无人驾驶飞机－应用－架空线路－输电线路－巡回检测　Ⅳ．① V279 ② TM726.3

中国版本图书馆 CIP 数据核字（2017）第 051629 号

出版发行：中国电力出版社
地　　址：北京市东城区北京站西街 19 号（邮政编码 100005）
网　　址：http://www.cepp.sgcc.com.cn
责任编辑：刘丽平（liping-liu@sgcc.com.cn）　盛兆亮
责任校对：马　宁
装帧设计：于　音　赵姗杉
责任印制：石　雷

印　　刷：固安县铭成印刷有限公司
版　　次：2017 年 5 月第一版
印　　次：2025 年 9 月北京第六次印刷
开　　本：787 毫米×1092 毫米　16 开本
印　　张：11
字　　数：236 千字
印　　数：3801—4300 册
定　　价：55.00 元

版权专有　侵权必究

本书如有印装质量问题，我社发行部负责退换

编　委　会

主　编　徐嘉龙

副主编　张祥全　周宏宇

编写组　姜文东　邵瑰玮　沈　洁　付　晶
　　　　　徐　塑　丁　建　蔡焕青　姜云土
　　　　　胡　霁　黄建峰　苏良智　曾　东
　　　　　余向森　高朝霞

"十二五"期间，电网规模快速增长，至 2015 年，国家电网公司 66kV 及以上架空输电线路已达 43663 回，总计长度 818010.9km，特高压电网发展迅速，特高压 1000kV 交流线路已投运 14 回、±800kV 直流线路已投运 4 回。"十三五"期间，电网规模将继续快速增长，特高压网架将进一步成熟完善。同时架空输电线路还具有地域分布广泛，运行条件复杂，易受自然环境影响和外力破坏等特点。

传统的输电线路运维管理模式和巡检作业方式，面临着劳动强度大、工作条件艰苦，劳动效率低等问题，遇到电网紧急故障和异常气候时，线路运维人员在不具备有利的交通条件时，只能利用普通仪器或肉眼来巡查设施，而超、特高压电网急需先进、科学、高效的电力巡线方式，因此传统的以人工为主运维模式已经不能完全适应现代化特高压大电网的安全运维需求。

为满足特高压大电网安全运维工作要求，国家电网公司运维检修部自 2013 年 3 月至 2015 年 6 月开展无人机巡检试点工作，通过大量无人机输电线路巡检实践经验表明，无人机作为一种新型巡检手段，对直升机和人工巡检形成有力补充，不仅降低了输电线路运维人员劳动强度，而且提高了巡检质量、效率和效益，是今后特高压电网输电线路运维管理方向。

通过 2 年多的无人机巡检试点工作，国家电网公司重点开展了无人机选型配置，培育电力系统无人机市场，持续推进无人机现场实际应用，在电力行业创新性提出直升机、无人机和人工巡检相结合的立体化巡检模式，将无人机纳入架空输电线路状态巡视。建立了较为完备的管理制度和技术标准体系，其中直升机、无人机行业标准 3 项，企业标准 6 项。建成国内首个无人机性能试验检测体系，中国电科院检测中心已获中国计量认证（CMA）认证。除山东电力研究院作为中国航空器拥有者及驾驶员协会（AOPA-China）认定培训机构认定配合培训教学编制印发《架空输电线路无人机巡检技术》，国内尚无系统性的架空输电线路无人机巡检系统技术与应用著作，因此为全面总结开创性且经实践验证有效的输电线路无人机巡检系统技术与应用，向电力系统及相关行业人员交流经验知识，特编写本书。

本书从架空输电线路无人机巡检系统的发展历史、技术要求、作业组织、试验检测、维修保养、深化应用研究等几个方面论述了无人机巡检系统技术在架空输电线路的应用情况和发展方向。在架空输电线路无人机巡检系统方面，介绍了固定翼无人机和旋翼无人机等不同类型无人机的系统组成、技术指标和适用范围、技术要求、巡检作业条件等内容；在旋翼无人机巡检技术方面，介绍了巡检作业特点、无人机巡检与人工巡视测试、巡检作业标准、典型应用案例等内容；在固定翼无人机巡检技术方面，介绍了固定翼无人机的技术特点、山地飞行改进、固定翼无人机巡检要求、固定翼无人机应用案例等内容；在作业组织方面，介绍了作业前准备、现场巡检作业、作业后管理、异常情况管理等内容；在试验检测方面，介绍了固定翼无人机和旋翼无人机等不同类型无人机的试验检测项目和试验要求等内容；在维修保养方面，介绍了固定翼无人机和旋翼无人机等不同类型无人机的存放要求、维护保养要求、维修等内容；在深化应用研究方面，介绍了巡检安全保障、缺陷智能识别、特殊环境地区巡检技术、无人机巡检作业管理等内容。

在试验检测方面，介绍了固定翼无人机和旋翼无人机等不同类型无人机的试验检测项目和试验要求等内容；在维修保养方面，介绍了固定翼无人机和旋翼无人机等不同类型无人机的存放要求、维护保养要求、维修等内容；在深化应用研究方面，介绍了巡检安全保障、缺陷智能识别、特殊环境地区巡检技术、无人机巡检作业管理等内容。

在本书编写过程，中国电力科学研究院和国网浙江省电力公司相关人员给予了大力支持和协助，提供了十分难得的素材和相关资料，并提出了十分宝贵的建议和意见。在此，向为本书编写工作付出辛勤劳动和心血的所有同仁表示衷心的感谢。

希望本书能对从事架空输电线路无人机巡检技术研究和应用的同仁有所帮助。由于编写工作量大，时间仓促，书中难免存在不足之处，望广大读者批评指正。

目录

目录

第一章

概　述

本章主要介绍架空输电线路无人机巡检系统基本定义，架空输电线路的特点，无人机系统的组成、功能，以及无人机在电力行业应用发展的情况等内容。

第一节　架空输电线路

一、基本概念

1. 架空输电线路

架空输电线路作为电力系统中至关重要的组成部分，是电力系统中电能传输、交换、调节和分配的主要环节，更是主要的电力运输方式。输电是用变压器将发电机发出的电能升压后，再经断路器等控制设备接入输电线路来实现的。按照输送电流的性质，输电分为交流输电和直流输电。

2. 架空输电线路组成组件

架空输电线路主要组成部分有基础、杆塔、导线、绝缘子、金具、防雷保护设备（包括架空避雷线、避雷器等）及接地装置。目前的输电线路还安装有附属件，如设备绝缘地线、导线载波通信等。

（1）导线。导线用来传输电流、输送电能。一般输电线路单相采用单根导线，但对于超高压大容量输电线路，为了减小电晕以降低电能损耗，并减小对无线电、电视等的干扰，多采用相分裂导线，即采用两根、三根、四根甚至多根导线（常为环形固定）。

（2）避雷线与接地体。避雷线悬挂于杆塔顶部，并在每基杆塔上均通过接地线与接地体相连接。当雷云放电雷击线路时，因避雷线位于导线的上方，雷电首先击中避雷线，并借以将雷电流通过接地体引入大地，从而减少雷击导线的概率，保护线路绝缘免遭雷电过电压的破坏，起到防雷保护的作用，保证线路安全运行。一般只有 110kV 以上电压等级线路才会全线架设，其材料常采用镀锌钢绞线。

（3）杆塔。杆塔用来支持导线和避雷线及其附件，使导线、避雷线、杆塔之间，以及导线和地面及交叉跨越物或其他建筑物之间保持一定的安全距离。

（4）绝缘子和绝缘子串。绝缘子是线路绝缘的主要组件，用来支承或悬吊导线使之与杆塔绝缘，保证线路具有可靠的电气绝缘强度。由于它不仅受到机械力和电压作用，而且还要承受大气中有害气体的侵蚀，因此要求它具有足够的机械强度、绝缘水平和抗腐蚀能力。

（5）金具。输电线路金具在架空输电线路中起着支持、固定、接续、保护导线和避雷线的作用，且能使接线坚固。金具种类很多，按照金具的性能及用途可分为线夹、连接金具、接续金具、保护金具和拉线金具五大类。

（6）基础。杆塔基础是将杆塔固定在地面上的设施，以保证杆塔不发生倾斜、倒塌、下沉等。

3. 电压等级

目前我国常用的输电电压等级有 35、66、110、220、330、±400、±500、750、±800、1000kV。通常将 35～220kV 的输电线路称为高压（HV）线路，330～750kV 的输电线路称为超高压线路（EHV），750kV 以上的输电线路称为特高压（UHV）线路。

二、架空输电线路的特点

架空输电线路是将输电导线用绝缘子和金具架设在杆塔上，使得导线对地面和建筑物保持一定的距离。架空输电线路具有投资小、建设速度快、施工简单方便、容易发现各种故障和隐患，并且能够及时地对各种故障进行维修和处理，便于维修等特点。

远距离输电线路多采用架空输电线路，线路输送中容量较大，输送距离越长，要求线路电压就越高。

输电线路的阻抗能力逐步成反比，其在应用中存在的主要缺陷有容易受到风雪和雷击等自然因素的影响，从而容易引发各种安全事故。

由于架空线路分布很广，又长期处于露天运行，经常会受到周围环境和大自然变化的影响，故使线路在运行中会发生各种各样的故障。输电线路故障有雷击、风害、冰害、污闪、外力、舞动、鸟害等。

第二节 无人机系统简介

一、无人机系统的概念

无人机是无人驾驶飞机（Unmanned Aerial Vehicle，UAV）的简称，是利用无线电遥控设备和自备过程控制装置操纵的不载人飞机。

无人机系统包括无人机机体、任务载荷、控制站（含有其他遥控站）、发射与回收分系统、保障系统、通信分系统、运输分系统等子系统。一般，无人机系统与有人驾驶飞机具有相同的组成部分，但是，对于机体部分，由于飞行员不在机上，设计时应考虑飞行员（作为一个子系统）通过人机接口控制机体，座舱位置被电子设备和控制子系统所替代。其他部分（如发射、着陆、回收、通信、保障、储运等设备）的设计与有人机系统是相同的。

　　一些媒体或宣传资料中经常将无人机与航模等混淆。但是无线电遥控航模飞机仅用于体育活动，其飞行需要在操控员的视线内，通常只控制航模的爬升、下降、转弯和盘旋等。而无人机则或多或少具有一定程度的"自主能力"，可以将任务数据（如将光电、红外、视频、图像等任务载荷数据，无人机的位置、速度、航向、高度等主要飞行状态信息）回传到地面。此外，还能根据实际需要回传飞机的剩余油量、发动机温度等工作状态参数信息等。

　　如果无人机任何一个系统或部件出现故障，无人机就会自动采取相应措施，或者向操控人员发出警报。例如，操控人员与无人机之间的通信链路中断，无人机可按照预先设计寻找无线电波，重新建立链路，如果有多条通信链路，还可以切换到另外一个不同频段的链路上，或者按照预先设定的路径继续飞行或返航。

二、无人机系统的组成及功能

1. 组成

　　绝大多数人认为无人机是一种用计算机和无线电链路取代飞机驾驶员的飞机。实际上，无人机要比该定义有更多的外延，无人机机体只是无人机系统中重要的组成部分，必须从一开始就按照无驾驶员、无座舱的模式进行恰当的设计。无人机作为一个完整的系统，其组成如图1-1所示。

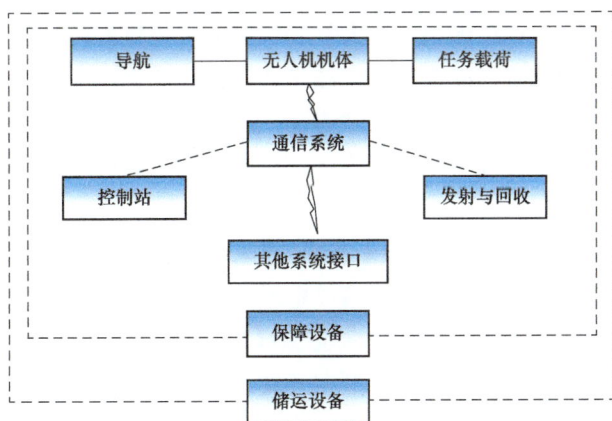

图 1-1　无人机系统组成框图

2. 功能

　　（1）控制站（Control Station，CS）。提供系统操控人员的工作环境、人机接口。

　　（2）无人机机体。携带任务载荷，可具有多种类型。

　　（3）通信系统。连接控制站与无人机机体，完成从控制站到无人机机体的控制输入和输出，从无人机机体到控制站回传任务载荷及其他数据信息。

　　（4）保障设备。包括维护和修理的设备。

　　（5）储运设备。用于无人机机体存储、运输的设备或器材。

第三节　电力行业无人机巡检应用发展情况

架空输电线路无人机巡检是指利用无人机搭载可见光拍摄、红外、紫外检测等任务设备对输电线路进行飞行巡检，并实时将现场的情况传回地面监控系统，以便做出正确判断并及时排除线路故障。无人机巡检系统具有应急启动快、巡检效率高、成本低、机动灵活、远程控制等特点。

一、无人机巡线在国外的发展现状

发达国家依托自身先进的无人机技术，在无人机巡线领域处于领先地位。与国内主要进行硬件开发不同，发达国家已经关注于后续的图像、数据处理方面的研究，甚至激光雷达巡线技术也已经应用于无人机上。最早利用无人直升机巡线的是英国的威尔士大学和仪埃电力咨询公司。英国威尔士大学班戈分校于 1995 年起与仪埃电力科技公司合作开始研制输电线路巡检飞行机器人，该机器人是在英国 Aerobotics 公司的 Sprite 无人直升机的基础上开发的，整个系统包括微型直升机、导航系统、检测系统、地面控制系统、数据通信系统等。该机器人重 35kg，附加了稳定性控制系统以增加抗风干扰的能力，并安装了高分辨率的彩色 CCD 摄像机，实现基于视觉的导航和基于视觉的输电线路跟踪和在线检测。同时，英国威尔士大学和仪埃电力科技公司利用可见光摄像机获得的动态可见光图像进行障碍物测距。该方法是通过机器视觉技术，识别无人飞行器前方的障碍物，通过路径规划的算法，躲避障碍物。但此方法只能识别较大的障碍物，根据文献描述，此系统主要是避开树木等障碍物。对导线识别和避障的可靠性不够，且要求飞行速度不能太快。

英国威尔士班戈大学的 Jones、Golightly 等学者研发了一款新型的架空输电线路巡检垂直起降无人机。其外形结构采用管道风扇形，提升了无人机抗气流干扰的能力，降低了飞行过程中的发动机噪声。该机安装能源提取装置，可以从导线上获取电力能源，供巡线时直升机所消耗的能源。该款机型在开展巡线方面主要具有两大优点：①可以自动从运行的线路上提取电力能源；②与巡检线路距离非常接近，不占用专用航道，不需要进行航空申请。虽然该款机型的研发还存在许多不足，但是依据在 AVS（一种专门用于无人机模拟训练的装置）上进行的模拟试验，验证了该设计方案具有可行性。

日本关西电力公司与千叶大学联合研制了一套架空输电线路无人直升机巡线系统，该系统包括故障自动检测技术和三维图像监测技术，能够自动查巡雷击闪络点、杆塔倾斜、铁塔塔材锈蚀、混凝土杆杆身裂纹、导地线断股等主要缺陷。研究人员还通过构建线路走廊三维图像来识别导线下方树木和构筑物，把三维图像和线下物体 GPS 坐标储存在系统中，以检测导线下方树木、构筑物距导线的距离。

西班牙马德里理工大学开发了基于计算机视觉技术的无人机导航系统的研究。该系统借助 GPS 并利用图像数据处理算法和跟踪技术，实现架空输电线路无人机巡线导航，可以自动检测无人机相对于参照物的地理坐标和速度。在对架空输电线路巡检试验中，应用计算机视觉技术，导航系统可以准确对架空输电线路进行巡检。在此导航系统的基础上，还研发了无人机安全可靠着陆的数学物理模型。当燃料消耗完或与地面失去控制联系时，无人机可以自动检测与架空输电线路或其他障碍物的相对位置，从而绕开障碍物实现安全降落。该数学物理模型的有效性在模拟试验中得到了验证。

澳大利亚联邦科学与工业研究组织（GSIRO）通信技术中心的研究人员致力于小型的 T21 型巡线无人直升机的研发。其最大特点是由微型燃气轮机提供动力。比燃油机、电动机的最大优势是机体振动大幅度降低，把振动对巡线的影响降至最低。在无人直升机上安装激光测距仪，可以准确测量导线下方构筑物、树木等与导线之间的距离。新型 T21 型无人直升机机身体积虽然较小，但巡检功能齐全、性能先进，是今后架空输电线路巡线无人直升机的发展方向。

二、国内无人机巡线现状

2009～2013 年，国家电网公司及其下属公司、南方电网公司等电力企业相继开展了无人机巡线的研究和应用，取得了阶段性成果。

国家电网公司电力机器人实验室进行过无人直升机的巡线研究，取得阶段性的成果，研究人员利用无人直升机搭载高清相和红外热成像仪对线路进行了巡线实验。实验结果表明，在所拍摄的可见光图像上能分辨出杆塔和导线上的物理缺陷。国网山东省电力公司于 2009 年初开始从事无人直升机巡线技术的研究，研制出 ZN-1 与 ZN-2 两套小型无人直升机智能巡检系统样机，并成功应用于多条 500、220kV 输电线路的实地巡线工作。2010 年 11 月，国网青海省电力公司检修公司开展了无人直升机巡检系统在高海拔地区的测试。2012 年，国网青海省电力公司、国网甘肃省电力公司联合开展了高海拔地区无人机巡检适用性研究。国网辽宁省电力公司与沈阳自动化研究所合作，开展 120kg 级无人机巡检系统的研制。国网福建省电力公司和国网四川省电力公司开展了 450kg 级无人机开发巡检系统，以增加续航时间和抗风能力。此外，南方电网公司开展了固定翼无人机和四旋翼无人机巡检系统的研制。

在无人机避障技术研究领域，北京理工大学为了实现小型无人机快速自主测距避障，在双目视差测距的基础上，提出了一种机载三目视差测距算法。利用各传感器成像间的相关性，提出了一种快速图像识别方法，通过缩小对图像中障碍物像元的搜索范围，有效减小目标搜索运算量，加快搜索速度，为小型无人机快速自主避障系统的研制创造了条件。然而，视觉避障较难实现对小型障碍物的识别和避让。清华大学在 2012 年年底提出一种无人机的视觉定位与避障方法及系统，通过无人机机载相机获取无人机的视觉感知信息通过无人机惯性测量单元获取惯导数据，远程控制系统根据障碍物信息和无人机位置信息规划无人机的飞行路径，并根据惯导数据和飞行路径生成飞行控制指令。该系统采用视觉定位和惯性测量方法，测量粒度较大，对小型障碍物的识别效果较差。采用视觉感知单元和惯性测量单元，重量较大，中、小型无人机难以搭载，实用化程度不高。南京航空航天大学在 2013 年年初提出一种多重避障控制方法，通过建立无人机作业的安全约束区域，并采用信息处理模块对信息检测模块提供的无人机位置信息进行融合，以检测无人机与输电线路之间的相对距离，实现无人机电力巡线的多重避障。该方法目前仍处于理论验证阶段，没有经过实际应用的测试和验证。

目前国内现有的旋翼无人机平台在稳定性、安全飞行控制策略、避障能力、精准航线规划等方面还不能完全满足对输电线路巡检的要求。首先，现有中、小型旋翼无人机巡检系统受限于载荷能力，很难搭载具有较高测距性能的传感器，普遍缺少避障系统和安全保护机制。现有固定翼无人机平台同样受限于载荷，对于避障、安全距离保持等方面，只能依赖于 GPS 模块，同样缺乏安全控制机制和策略。少数大型旋翼无人机实现了避障功能，但是由于缺少工程化应用，其性能和实用性还有待验证。其次，现有无人机系统缺少安全的自主起降机制，起降过程通常需要较多的人工干预。少数无人机系统虽然实现了自主起降功能，但安全性、稳定性，起降准确性，都不完全具备实用化的能力。

2013 年开始，国家电网公司组织国网冀北、山东、山西、湖北、重庆、四川、浙江、福建、辽宁和青海 10 家试点单位及国网通航公司和中国电力科学研究院，结合人工巡检、直升机巡检和无人机巡检各自的优缺点，开展输电线路直升机、无人机和人工协同巡检模式试点工作。中国电力科学研究院作为技术支撑单位开展了直升机、无人机和人工协同巡检技术体系及效果评估和无人机巡检系统入网认证检测技术体系等方面的研究，编制了 DL/T 1482—2015《架空输电线路无人机巡检技术导则》、DL/T 1578—2016《架空输电线路无人直升机巡检系统》等多项标准，并牵头开展了输电线路无人机巡检系统的性能试验检测体系建设，已在特高压交流试验基地（武汉）建成国内首个无人机巡检系统性能试验检测体系，开展了多个批次的国家电网公司小型旋翼无人机巡检系统的入网检测和抽样检测工作。

在科技项目研究方面，国家电网公司组织中国电力科学研究院、国网山东省电力公司、国网浙江省电力公司、国网福建省电力公司、国网辽宁省电力公司、国网通航公司、南瑞集团公司等开展无人机巡检实用化关键技术与检测体系研究"小型旋翼无人机巡检安全保障技术及作业方式优化研究"等项目。紧密结合协同试点工作，研究内容覆盖无人机巡检系统关键技术实用化、输电线路缺陷自动诊断技术、无人机巡检系统检验检测技术和协同巡检效果评估等方面。在无人机避障技术实用化、基于三维 GIS 无人机的测控导航、输电线路典型设备的实时定位和跟踪和无人机检验检测专用设备研制等方面取得了很多进展。

第二章

架空输电线路无人机巡检系统

架空输电线路无人机巡检是指利用无人机作为载体，通过搭载可见光照相设备、红外热像仪、紫外探测仪等设备，对架空输电线路杆塔或导线破损、覆冰、本体缺失、弧光放电、污闪等危险情况进行经常性检查的工作。架空输电线路无人机巡检系统是运用无人机对架空输电线路进行巡检所应用的无人机、机载任务设备、通信设备及地面保障设备等的总和。本章从架空输电线路运行安全需求出发，主要介绍无人机巡检系统的组成、技术要求、作业方式及作业条件。

第一节 架空输电线路运行安全需求

架空输电线路的安全影响到人们的正常生活、关系到国家地区经济生产、甚至会对国家安全造成威胁。影响输电线路安全运行的因素较多，其发生的条件、特征及产生的后果各不相同，对不同条件下的危害开展维护的方式方法也有区别。

一、影响输电线路安全运行的因素

影响输电线路安全运行的因素较多，本书主要介绍雷击、外力破坏、鸟害、覆冰、污闪、风害和本体缺陷七类危害。

1. 雷击

高压输电线路在雷雨季节遭受雷击的可能性很大。线路遭受雷击通常有三种情况：

（1）雷击于线路导线上，产生直击雷过电压。

（2）雷击避雷线后，反击到输电线上。

（3）雷击于线路附近或杆塔上，在输电线上产生感应过电压。

无论是直击雷过电压还是感应过电压，轻则可引起线路绝缘子闪络，从而引起线路单相接地或跳闸，重则引起绝缘子破裂、击穿、断线等事故，造成线路较长时间的供电中断。

2. 外力破坏

外力破坏电力线路引起的故障分布面广，情况较复杂，而且越来越多。例如：在山区，开山炸石很容易炸伤绝缘子、炸断导线；在线路经过的下方燃烧农作物、森林火灾，火焰和浓烟易导致线路跳闸；在线路保护区内施工的大型吊车、挖掘机有时会碰断导线、撞坏塔杆等。此外，盗窃塔材、拉线等电力设施及在输电线路下钓鱼、违章施工等均会造成输电线路的外力破坏。

外力破坏对输电线路造成的破坏由于其具有很大的不确定性，所以其对输电线路的危害也较大。

3. 鸟害

鸟害是指鸟类繁衍和活动给输电线路造成的危害，如鸟类筑巢、鸟类飞行、鸟粪闪络等。

随着人类对自然生态环境保护意识的加强，鸟类繁衍数量逐渐增多，活动范围日趋扩大，其活动对输电线路造成了极大危害，近年的统计资料表明，由于鸟类活动引起的线路故障仅次于雷害和外力破坏，占线路故障总数的第三位。

4. 覆冰

覆冰是电力系统冰冻灾害的一种，是在低温雨雪天气里，由于湿度高，大量水气凝聚在导线表面造成的。覆冰带来的危害包括：

（1）杆塔两侧的张力不平衡，出现导线断落冲击荷载造成倒杆。

（2）结冰的电线遇冷收缩，风吹引起震荡，电线会因不胜重荷而断裂，即使不断舞动时间过长，也会使导线、塔杆、绝缘子和金具等受到不平衡冲击而疲劳损伤。

由覆冰、舞动引起的输电线路倒杆（塔）、断线及跳闸事故会给电力系统的输电线路造成重大的损害，更会威胁到电网的安全稳定运行和供电系统运行的可靠性。

5. 污闪

污闪是输电线路绝缘表面附着的污秽物在潮湿条件下，其可溶物质逐渐溶于水，在绝缘表面形成一层导电膜，使绝缘子的绝缘水平大大降低，在电场作用下出现的强烈放电现象。

污闪形成的原因主要是在输电线路经过的地区，由于工业污秽、海风的盐雾、空气中的尘埃等污秽物渐渐积累并附着在绝缘子表面，形成污秽层。这些污秽物含有酸碱和盐的成分，在干燥时导电性不好，遇水受潮后，具有较高的导电系数。当下雨、积雪融化、下雾等不良天气时，污秽绝缘子的绝缘强度大大降低，引起绝缘子在正常运行电压下发生闪络。

由于污闪而造成的大面积停电，称为线路的污闪事故。

6. 风害

风害是指当风速超过或接近设计风速，加之线路本身的局部缺陷（如超过杆塔机械强度），使杆塔倾倒或损坏、导线产生振动、跳跃和碰线，从而引起输电线路故障。此外，同塔双回线路若不同步风摆可能造成混线短路故障。

台风是高压架空输电线路安全运行的重大威胁。

7. 本体缺陷

本体缺陷是指由于线路工艺、电气距离等问题，或材料质量等本体缺陷原因，在长时间受微风振动、气温变化的影响下造成的线路故障。

二、输电线路的运行维护

输电线路的运行维护是通过巡视检查方法对线路设备进行运行监视、发现缺陷，从而掌握线路运行状况及周围环境的变化，及时发现设备缺陷和危及线路安全的因素，以便及时消除缺陷，预防事故的发生。

输电线路巡视是为掌握线路的运行情况，及时发现线路本体、附属设施及线路保护区出现的缺陷或隐患，并为线路检修、维护及状态评价（评估）等提供依据，近距离对线路进行的观测、检查、记录工作。

1. 巡视类型

根据不同的需要线路巡视可分为正常（定期）巡视、故障巡视、特殊巡视三种。

（1）正常巡视。经常性的线路巡视工作用来掌握线路各部件运行情况及沿线情况，及时发现设备缺陷和威胁线路安全运行的隐患。正常巡视的目的在于经常掌握线路各部件运行状况及沿线情况。

（2）故障巡视。故障巡视是为了查明线路发生故障（接地、跳闸）的原因，找出故障点并查明故障原因及故障情况而开展的巡视工作。

（3）特殊巡视。特殊巡视是在气候剧烈变化（大雾、导线覆冰、大风、暴雨等）、自然灾害（地震、河水泛滥、森林起火等）、线路过负荷和其他特殊情况时，对全线某几段或某些部件进行巡视，以发现线路异常现象及部件变形损害而开展的工作。

特殊巡视根据需要应及时进行，一般巡视全线、某线段或某部件。特殊巡视还包括夜间、交叉和诊断性巡视、登杆塔巡查、监察巡视。

2. 巡视内容

无论是正常巡视、故障巡视，还是特殊巡视，其检查的内容均应包括：

（1）检查沿线环境有无影响线路安全的情况。

（2）检查杆塔、拉线和基础有无缺陷和运行情况的变化。

（3）检查导线、地线（包括耦合地线、屏蔽线）有无缺陷和运行情况的变化。

（4）检查绝缘子、绝缘横担及金具有无缺陷和运行情况的变化。

（5）检查防雷设施和接地装置有无缺陷和运行情况的变化。

（6）检查附件及其他设施有无缺陷和运行情况的变化。

（7）检查相位、警告、指示及防护等标志缺损、丢失，线路名称、杆塔编号字迹不清。

3. 巡视的方法

我国国民经济的持续快速发展对电力工业提出了越来越高的要求。近年来，架空输电线路里程不断增加，但是输电线路基层运检人员的数量并没有成比例增长，线路运维工作日益繁重，运检部门迫切需要自动化、现代化、高效率的巡线技术和手段。目前关于架空输电线路的巡检工作主要有人工巡检、直升机巡检、无人机巡检三种巡检方式。

（1）人工巡检。人工巡检是指电力巡检人员通过徒步、车辆等方式到达架空输电线路附近，在线路下方或通过登塔在杆塔上利用携带的可见光、红外灯巡检设备进行线路巡检工作。人工巡检方式存在以下问题：巡线距离长，步行缓慢，巡检效率不高；在高山、沼泽、湖泊等地形下巡检难度较大；冰雪、洪水、地震、滑坡等灾害条件下巡检困难；不易发现线路杆塔瓶口及以上部位缺陷。

经典的巡视方法有张士利29点巡线法、定位巡线法、何立森巡线法、顺光观察法、四勤一细巡线法等。

（2）直升机巡检。直升机巡视可以开展正常巡视、故障巡视和特殊巡视。

直升机巡视技术已广泛应用到超高压输电线路的巡视工作中。一般直升机上载有全数字动态红外热像仪和可见光高清摄像机线外热像以及专业单反相机，可以及时准确发现一些人工巡视中难以发现隐蔽的线路缺陷和隐患，提高输电线路安全运行水平。同时，直升机沿输电线路巡线飞行，节省了人力，弥补了地面巡视不足，提高了输电线路的巡视效率和及时性。

为提高巡检效率，国家电网公司于2009年成立了国网通用航空有限公司（简称国网通航公司），拥有美国贝尔206B型、206L-4型、407型、429型，法国欧直EC120B型、AS350B3等系列航空器，可以进行甲类的直升机外挂载荷飞行和乙类的空中巡查、科学实验、航空护林作业，是国内唯一可独立完成直升机巡线、带电检修、带水冲洗、放线施工等多种电力作业项目的通用航空公司；可对特高压交直流线路、500kV及以上重要线路开展直升机巡检作业，主要对线路杆塔瓶口以上部件进行巡检。但直升机巡检存在巡检成本高，巡检频次低；安全风险高，人员安全隐患大；作业人员资质要求高，培训周期长；维修保养要求高，后勤保障复杂等问题。

（3）无人机巡检。无人机巡视可以开展正常巡视、故障巡视和特殊巡视。

通过多年的技术研发和实践应用，无人机巡检已经发展成一种高效、低成本、低风险的空中巡检技术，是解决输电线路智能巡检的重要手段之一。无人机上安装了稳定的可见光检测仪与成像仪等设备，可以对输电线路进行检查和录像，具有高科技、高效率、不受地域影响的特点。而且，无人机还可以通过悬停、定点拍照等功能，瞬时将电力设施设备状况、线路通道等画面实时传送至地面控制台，实现前后方"零距离"协同作业。

无人机巡检具有受地形限制小、巡检效率高、塔头巡检效果好、可快速部署、巡检成本低、操作简单等优点，可在巡检范围、内容和频次上对人工、直升机巡检进行有效补充。2009~2013年，我国在无人机巡检系统技术领域的研究和应用也取得了阶段性成果。例如，小型旋翼无人机的巡检方式应以对邻近1~3基杆塔进行近距离拍摄为主，一般可发现导线断股、导线放电点位置等缺陷；中、大型旋翼无人机巡检方式应以自上而下拍摄和对重要设备进行特写拍摄为主，一般可发现杆塔螺栓缺失、防振锤残缺、杆塔锈蚀等缺陷；固定翼无人机的巡检方式应以在线路侧上方沿线路飞行、自上而下对通道环境进行拍摄为主，一般可发现线路走廊违建房、覆冰倒塔等现象。

然而，现阶段的无人机巡检技术仍然存在以下突出问题：

1）安全控制问题。现有巡检用无人机，无论是大型机、中型机还是小型机，普遍缺少具有实用价值的避障系统，在安全起降、航线精确控制和安全策略等方面有待加强。

2）现有输电线路缺陷诊断技术缺少典型缺陷库，有待建立缺陷辨识技术体系。

3）现有无人机巡检系统在飞行性能、制造工艺和检测能力等方面技术水平参差不齐，亟须建立适用于电网运行的无人机巡检系统入网检测体系。

4）直升机、无人机和人工协同巡检技术体系尚未完全建立，还缺少对于复杂环境的系统配置、适用性研究，对于协同巡检试点工程的效果评估方法尚不明确。

三、输电线路运行目前面临的主要困难

在我国，输电线路一般都是以架空形式敷设。由于它们长期暴露在室外，在运行过程中很容易受到雷击、暴风、覆冰、鸟害等影响，而这些影响因素不仅难以预见，还会对线路造成极强的破坏。特别是近几年天气异常增多，对线路安全运行存在特别大风险。

特高压输电线路电压高、线路长、杆塔高、导线大、沿线地理环境复杂，对运行维护工作提出了非常高的要求。由于特高压输电线路运行经验不足，要在电晕效应、绝缘配合、电磁环境影响方面不断积累经验；在运维方面要结合特高压线路的特点和实际情况，研究和采用新的巡视技术，如直升机和无人机巡视技术等。

第二节 无人机巡检系统

无人机不仅能够发现杆塔异物、绝缘子破损、防振锤滑移、线夹偏移等人工巡检发现的缺陷，还能够发现人工难以发现的缺陷，如金具锈蚀、开口销与螺栓螺帽缺失、金具安装错误、均压环错位或变形、雷击闪络故障等，发现缺陷量是人工巡检发现量的2～3倍。应用固定翼巡检通道发现缺陷的能力在巡检效率、地形复杂程度（如深山区、冰灾区）适用性方面比人工巡检优势较明显，日巡检量约为人工巡检的8～10倍。

一、无人机巡检系统组成

输电线路无人机巡检系统通常包括无人机分系统、任务载荷分系统和综合保障分系统三个部分。

1. 无人机分系统

无人机分系统是无人机智能巡检系统的重要组成部分，其飞行性能直接关系到整个无人机巡检系统的安全与可靠性。无人机分系统包括无人机平台、通信系统和地面站系统，其中无人机平台包括无人机本体和飞行控制系统，通信系统包括数据传输（数传）和视频传输（图传）系统，地面站系统包括飞行控制和功能检测等软硬件。

（1）动力分系统。无人机的动力系统主要有燃油发动机和电动动力系统两种。目前大部分无人机为燃油发动机，有活塞发动机、转子发动机和涡轮喷气式发动机。燃油发动机结构相对较为复杂，不同类型发动机的组成结构也不尽相同。

小型无人机普遍使用的是电动动力系统。电动动力系统主要由动力电机、动力电源、调速系统三部分组成。小型无人机使用的动力电机可分为有刷电动机和无刷电动机

两类，其中有刷电动机由于效率较低，在无人机领域已逐渐不再使用。动力电源主要为电动机的运转提供电能，通常采用化学电池来作为电动无人机的动力电源，主要包括镍氢电池、镍铬电池、锂聚合物、锂离子动力电池。

（2）飞行控制分系统。无人机分系统通过飞行控制系统采集无人机平台各传感器所获得的状态并运算控制算法，使后台操控人员能安全、精确地操控飞机。飞行控制系统主要由飞行控制计算机、陀螺仪、加速计、磁航向传感器、导航定位模块及舵控回路等组成。

无人机飞行控制通常包括方向、副翼、升降、油门、襟翼等控制舵面，通过舵机改变飞机的翼面，产生相应的扭矩，控制飞机转弯、爬升、俯冲、横滚（或副翼横滚）等动作。

（3）导航分系统。目前在无人机上可采用的导航技术主要包括卫星导航、惯性导航、多普勒导航、电视导航、地形辅助导航以及地磁导航等，不同的导航技术都有其相应的适用范围和使用条件。目前无人机导航方式以卫星导航和惯性导航为主。

1）卫星导航。卫星导航系统由导航卫星、地面台站和用户定位设备三部分组成。卫星导航系统能够为全球提供全天候、全天时的位置、速度和时间信息，精度不随时间变化。卫星导航优点是全球性、全天候、连续精密导航与定位能力，实时性较出色，但是不能提供载体的姿态信息，环境适应性较差，易受到干扰。现阶段应用较为广泛的卫星导航系统有全球定位系统（GPS）、中国北斗卫星导航系统。

2）惯性导航。惯性导航系统属于一种推算导航方式，即从已知点的位置根据连续测得的运载体航向角和速度推算出其下一点的位置。惯性导航系统的加速度计用于测量载体在三个轴向运动加速度，经积分运算得出载体的瞬时速度和位置；陀螺仪用于测量系统的角速率，进而计算出载体姿态。惯性导航是一种完全自主的导航系统，不依赖外界任何信息，隐蔽性好，不受外界干扰，不受地形影响，能够全天候提供位置、速度、航向和姿态角数据，但不能给出时间信息。惯性导航在短期内有很高的定位精度，由于惯性器件误差的存在，其定位精度误差随时间而增大。另外，每次使用之前需要较长的初始对准时间。

（4）通信系统。通信系统由发射机、接收机和天馈线组成，通常包含数据传输和图像传输。数据传输系统通过地面模块与机载模块之间发送、接收信号以实现远距离的遥控遥测。图像传输系统主要是实时传输可见光视频、红外视频，供无人直升机任务操控人员实时操控云台转动到合适的角度拍摄输电线路、杆塔和线路走廊高清晰度的图像，同时辅助内控人员、外控人员实时观察无人直升机飞行状况。

通信系统应实时性好、可靠性高，以便后台操控人员及时观察输电线路巡检的现场情况；应对高压线及高压设备产生的电磁干扰有很强的抗干扰能力；能在城区、城郊、建筑物内等非通视和有阻挡的环境使用时仍然具有卓越的绕障和穿透能力；能在高速移动的环境中，仍然可以提供稳定的数据和视频传输。

2. 任务载荷分系统

任务载荷分系统包括任务设备和地面显控单元。任务设备可多样化，一般是光电吊舱或使用云台搭载检测终端。

光电吊舱通过减振器能有效地降低无人机发动机振动对检测设备的影响，通过陀螺增稳系统的反馈控制，对无人机产生的晃动进行补偿，使输出的视频在高振动环境下稳定，获得相对惯性空间稳定的平台空间，以保持视角的有效性，满足对被检测系统的定位。在控制指令的驱动下，可实现吊舱对输电线路、杆塔和线路走廊的搜索和定位，同时进行监视、拍照并记录。有些吊舱还采用图像处理技术，实现对被检测设备的跟踪和凝视，已取得更好的检测效果。

云台的主要功能是通过稳定平台隔离载机的摇摆、振动，使输出的视频在高振动环境下保持稳定；其增稳控制主要由速度控制器、电机驱动器、电机和编码器旋转速度构成速度环，由目标位置、前馈控制器、位置控制器、编码器位置信息构成位置环实现。

检测终端可为可见光、红外、紫外等成像设备，也可为激光雷达、合成孔径雷达等，功能是为地面飞行控制人员和任务操控人员提供实时数据，同时提供高清晰度的静态照片供后期分析输电线路、杆塔和线路走廊的故障和缺陷。其检测精度、效果以及检测系统的集成度是影响无人机巡检系统应用的关键因素。

3. 综合保障分系统

综合保障分系统一般包括供电设备、动力供给、专用工具、备品备件和车辆等。中型无人机巡检系统一般需配备专用车辆，小型无人机巡检系统可根据具体需要配备储运车辆。

二、无人机巡检系统分类

无人机巡检系统分类方法多样，主要依据无人机分系统的机体特征、空机质量、环境温度、适用海拔进行分类。

1. 按照机体特征进行分类

按照机体不同平台构型分类，无人机可分为固定翼无人机和旋翼无人机。

（1）固定翼无人机。固定翼无人机由动力装置产生前进的推力或拉力，由机体上固定的机翼产生升力，其结构包含机身、机翼、尾翼、起落架和发动机/电机等。固定翼无人机如图 2-1 所示，其飞行速度快，续航时间长，但无法悬停。该机型一般用于输电线路走廊的整体普查，及时发现线路走廊内违章建筑和高大树木，以及用于灾后应急评估，可为救灾抢险提供第一手的现场资料。

（2）旋翼无人机。旋翼无人机在空中飞行的升力由一个或多个旋翼与空气进行相对运动的反作用获得，旋翼无人机又可细分为单旋翼带尾桨型式无人机、共轴反桨型式无人机和多旋翼无人机。前两种型式的旋翼无人机可称为无人直升机，如图 2-2 所示，由一个或多个水平旋转的旋翼提供升力和推进力而进行飞行，具备垂直

图 2-1　固定翼无人机

升降、悬停、小速度向前或向后飞行的功能，但耗能较高、航程较短。多旋翼无人机是一种具有三个及以上旋翼轴的特殊的直升机，如图2-3所示，通过每个轴上的电机转动带动旋翼，从而产生升推力；通过改变不同旋翼之间的相对转速，可以改变单轴推进力的大小，从而控制无人机的运行轨迹。

图 2-2　无人直升机　　　　　　　　　图 2-3　多旋翼无人机

2. 按照空机质量分类

按照空机质量分类，中国民用航空局飞行标准司在《无人驾驶航空器系统驾驶员管理暂行规定》（AC-61-FS—2013-20）中将无人机分为微型、轻型、小型、大型，依据此分类适合于输电线路巡检用的无人机多为微型和轻型无人机。对输电线路巡检用的无人机巡检系统，按照空机质量的分类标准见表 2-1。

表 2-1　　　　　　　　　　　按照空机质量的无人机分类

类别	固定翼无人机（kg）	旋翼无人机（kg）
大型无人机	≥20	≥116
中型无人机	7～20	7～116
小型无人机	≤7	≤7

3. 按照环境温度分类

按适用环境温度分类，无人机巡检系统分为普通型、高温型、低温型、极低温型和特殊型。各型无人直升机巡检系统适用的环境温度范围见表 2-2。

表 2-2　　　　　　　　　　　按照适用环境温度的无人机分类

类别	适用环境温度	
	最低温度（℃）	最高温度（℃）
普通型	−10	45
高温型	−10	65
低温型	−20	45
极低温型	−40	45
特殊型	不在以上所列范围内	

4. 适用海拔分类

按适用海拔分类，无人机巡检系统分为Ⅰ、Ⅱ、Ⅲ、Ⅳ型和Ⅴ型，见表 2-3。

表 2-3　　　　　　　　　　　　按照适用最高海拔高度的无人机分类

类型	最高海拔（m）
Ⅰ	1000
Ⅱ	2000
Ⅲ	3000
Ⅳ	4000
Ⅴ	6000

三、无人机巡检系统技术要求

1. 小型旋翼无人机巡检系统

（1）外观特性要求。搭载任务设备的旋翼无人机任意两点（含旋翼）之间距离不大于1.8m，旋翼上应有明显标识指示其安装方向。机头机尾应有明显标识予以区别，在100m范围内可清晰分辨。机身上应有航行灯，航行灯发光强度不应小于25cd。连接线布局合理，固定牢靠；连接件、紧固件有防松措施；涂镀层无气泡、龟裂和脱落；金属件无锈蚀和机械损伤。

地面站可采用一个显示器，也可采用两个显示器。若为一个显示器，屏幕尺寸（对角）不宜小于28cm，能同时显示遥控遥测数据和回传影像；若采用两个显示器，每个显示器屏幕尺寸（对角）不宜小于20cm，可分别显示遥控遥测数据和回传影像。显示器表面不应有明显凹痕、碰伤、裂痕、变形等现象，开机后显示器不应出现坏点或条纹。显示器最大显示亮度值不应低于200cd/m²，对比度不应低于50：1，上下视角不应小于40°，左右视角不应小于60°。

（2）环境适应性要求。小型旋翼无人机巡检系统应在对应的高温、低温、温度湿度振动综合环境条件下试验时结构完好、各项功能正常。

小型旋翼无人机巡检系统在适用的最高海拔下能正常工作，且无地效悬停时间不小于20min。小型旋翼无人机巡检系统在瞬时风速不大于10m/s环境条件下可正常工作；悬停时，与悬停点的水平偏移不大于1.5m、标准差不大于0.75m；垂直偏移不大于3m、标准差不大于1.5m。小型旋翼无人机巡检系统应具有一定的防水能力，在小雨环境条件下可稳定飞行，飞行时间不小于5min。飞行后，各电气接口不存在明显短路风险，各项功能正常。地面站防护等级不低于IP54。

（3）飞行平台功能要求。依据无人机现场飞行经验对飞行平台提出以下要求：

1）具备自检功能。自检项目至少包括动力电池电压、遥测遥控和导航定位功能。以上任一项不满足要求，均能在地面站或遥控手柄上以明显的声（或光）信号或其他方式进行报警提示，且飞控系统锁死。宜具有根据报警提示直接确定故障部位或原因的功能。

2）具备飞行及任务规划功能。

a. 可对起降方式、飞行速度及航点信息等进行设置，可设置航点数量不少于50

个；在飞行过程中可实时修改航点。

b. 具有手动、增稳和全自主三种飞行模式，三种飞行模式可相互切换，切换过程中飞行状态应保持平稳。导航定位偏差水平方向不大于 1.5m，垂直方向不大于 3m。飞行控制偏差不大于 4m，标准差不大于 2.5m。

c. 具备定点悬停功能，悬停控制偏差水平方向不大于 1.5m、标准差不大于 0.75m，垂直方向不大于 2m、标准差不大于 1m。具备机头复位向功能。

3）具备测控能力。

a. 具备旋翼无人机平台和任务设备的测控数据上传和下传功能，在飞行高度 40m 时全向传输距离不小于 2km。

b. 具备影像实时传输功能，在飞行高度 40m 时全向传输距离不小于 2km。测控数据传输时延不大于 20ms、误码率不大于 10^{-6}。影像传输时延不大于 300ms。

4）具备一定的安全策略。

a. 具有一键返航功能，在启动该功能后，旋翼无人机应立即中止当前任务并返航，返航航点、速度等参数可预先设置，可设置的航点个数不少于 10 个。

b. 具备链路中断返航功能，在链路中断后，旋翼无人机应悬停等待通信信号恢复，且等待时间可预先设置；在等待时间内若通信信号恢复，旋翼无人机可继续执行任务，否则按预设航线返航；返航航点、速度等参数可预先设置，可设置的航点个数不少于 10 个。

c. 具备飞行区域限制功能，可设置允许旋翼无人机飞行的区域范围，在航线规划时，可对超出范围的飞行航线进行报警提示，且飞控系统锁死；在飞行过程中，当旋翼无人机接近区域范围时可在地面站或遥控手柄上报警提示，且有防止飞越措施。

d. 具备低电压报警功能，在飞行过程中，当电池电压低于预设告警电压时，可在地面站或遥控手柄上报警提示。

e. 宜具备位置追踪功能，可不依赖于机载电源和数传电台，以定时自动或受控应答方式向工作人员发送旋翼无人机位置信息；且定位偏差水平方向不大于 5m，垂直方向不大于 10m。

（4）巡检功能。

1）小型旋翼无人机巡检系统具备手动拍照功能，对其性能要求如下：

a. 宜具备定点自动拍照功能。

b. 应至少具备水平和俯仰两个方向的转动性能，各方向转动最大角速度不小于 30°/s。水平转动范围宜为 $n \times 360°$，也可为 $-180° \sim +180°$；俯仰转动范围至少为 $-60° \sim +30°$。

c. 稳像精度不低于 0.1mrad。对于可见光传感器，有效像素数不低于 1400 万。

d. 具备变焦功能，变焦范围为 35~80mm（等效焦距），且连续可调。

e. 具备自动对焦功能。在距离不小于 10m 处拍摄的影像可清晰分辨销钉级目标。

2）对于红外传感器，对其性能要求如下：

a. 有效像素数不低于 30 万。

b. 具备自动对焦功能；测温范围不小于 $-20 \sim +150℃$、精度不低于 $\pm 2℃$ 或测量值乘以 $\pm 2\%$（取绝对值大者）。

c. 环境温度 23℃±5℃、焦距 50mm、相对孔径 1 时，热灵敏度小于 0.05K。

d. 在距离不小于 10m 处拍摄的影像可清晰识别故障发热点，影像为伪彩显示。

e. 具备热图数据，可实时显示影像中温度最高点位置及温度值。

f. 宜具备跟踪功能，跟踪精度不低于 0.4mrad。

（5）抗电磁干扰性能。射频电磁场辐射抗扰度试验结果不低于 B 级。静电放电抗扰度试验时，接触放电试验和空气放电试验的试验结果均不低于 A 级。脉冲磁场抗扰度试验结果不低于 A 级。工频磁场抗扰度试验结果不低于 A 级。

试验结果根据试验样品的功能丧失或性能降低程度分为 A、B、C、D 四个等级。

1）试验样品功能丧失或性能降低包括①测控信号传输中断或丢失；②旋翼无人机对操控信号无响应或飞行控制性能降低；③影像传输中断或出现迟滞、马赛克、雪花、条纹、重影等现象；④任务设备对操控信号无响应或转动、拍摄等控制性能降低；⑤其他功能的丧失或性能的降低。

2）A、B、C、D 四个等级划分标准为：

a. A 级：各项功能和性能正常。

b. B 级：未出现①和②中所列现象。出现③、④和⑤中任意现象，且干扰停止后可在 2min（含）内自行恢复，无须操作人员干预。

c. C 级：未出现①和②中所列现象。出现③、④和⑤中任意现象，且干扰停止 2min 后仍不能自行恢复，在操作人员对其进行复位或重新启动操作后可恢复。

d. D 级：出现①和②中任意现象；或未出现①和②中所列现象，但出现③、④和⑤中任意现象，且因硬件或软件损坏、数据丢失等原因不能恢复。

（6）地面站软件性能。地面站可显示、记录飞行速度和电池电压等测控参数；可通过无线网络下载、更新地图。在地图上可设置航点信息和航线，在飞行过程中实时显示飞行航向和航迹；可对任务设备拍摄时的角度和焦距等进行设置，拍摄的可见光影像、红外影像（含热图数据）可存储和导出；飞行日志数据可存储、导出和分析。

（7）动力电池性能。动力电池应不变形，表面无针眼、磕碰、裂纹等。电源正负极标识清晰，接头有防松措施，宜使用防误插接头。

电性能方面，23℃快速放电容量不低于规格书规定的额定值，同时不高于额定值的 110%；−30℃快速放电容量不低于规格书规定的额定值的 70%；55℃快速放电容量不低于规格书规定的额定值的 95%；循环充放电次数不小于 300 次。

环境适应性方面，在低气压、温度冲击、耐振动性试验环境下，动力电池应不出现变形、鼓包、漏液、破裂、起火、爆炸等现象。

安全性方面，在过电压、欠电压、外部短路、挤压、机械冲击、跌落试验时，动力电池应不出现变形、鼓包、漏液、破裂、起火、爆炸等现象。

（8）运输性能。正常包装运输状态的小型旋翼无人机巡检系统应在运输振动环境试验后外观无变化、结构完好，各项功能正常；跌落试验后储运包装无变形、裂缝和破损等，旋翼无人机巡检系统外观无变化、结构完好，各项功能正常。

2. 中型旋翼无人机巡检系统

（1）环境适应性。中型旋翼无人机巡检系统的环境适用性与小型旋翼无人机巡检系统的技术要求类似。

（2）飞行功能。中型旋翼无人机巡检系统应具备全自主起降功能，一般应具备手动、增稳和全自主三种飞行模式，三种飞行模式应能自由切换。飞行状态和任务模式可灵活设置，设置内容包括但不限于飞行航线、高度、速度、起飞和降落方式、安全策略等，且在地面站上应有参数设置界面。应具备任务规划功能，编辑飞行航点不少于 200个，宜具备在飞行过程中实时修改航路点的功能。飞行任务可保存，支持重复调用和编辑。应装有左红、右绿、尾白的航行灯。

中型旋翼无人机巡检系统正常任务载重（满油）一般大于 10kg。续航时间（满载，经济巡航速度）大于 50min，悬停时间大于 30min；最大爬升率和下降率均大于 3m/s；水平航迹、垂直航迹与预设航线误差小于 5m。一般地区适用的中型旋翼无人机巡检系统巡检实用升限（满载）大于 2000m（海拔），高海拔地区适用的巡检实用升限（满载）大于 3500m（海拔）。

（3）通信功能。应能实现旋翼无人机分系统、任务载荷分系统测控数据的上传和下传，应能实现任务载荷分系统测控数据的上传和下传，数传距离不小于 5km，延时小于 80ms，误码率小于 10^{-6}。具有实时视频传输功能，图传距离不小于 5km。

（4）安全策略。

1）应具有自检功能，自检项目应至少包括飞行控制模块、电池电压值、发动机（电机）工况、遥控遥测信号等。以上任一部件故障，均能进行声、光报警，并且系统锁死，无法起飞。根据报警提示，应能确定故障部件。

2）应具备飞行状态、通信状态、发动机（电机）状态等参数越限告警功能，报警方式应为声、光报警。

3）应具备一键返航功能。

4）应具备安全控制策略，包括返航策略和应急降落策略。返航策略应至少包括原航线返航和直线返航，可对返航触发条件（通信中断、油/电量不足等）、飞行速度、高度、航线等进行设置。

（5）巡检性能。宜具备可替换的可见光和红外机载吊舱，替换操作应简便，能在工作现场完成。光电吊舱应具有陀螺增稳和步进拍照功能。巡检目标与图像、视频应建立对应关系，可在可见光图像中进行叠加标识。宜具备巡检任务界面和飞行控制界面分屏显示的功能。

吊舱回转范围方位 $n \times 360°$，俯仰 $+20° \sim -90°$；回转方位和俯仰角速度大于 $60°/s$。吊舱稳定精度不小于 $100 \mu rad$。机载存储应采用插拔式存储设备，存储空间不小于 64GB。

可见光图像检测效果要求有：

1）在距离目标 50m 处获取的可见光图像中可清晰辨识 3mm 的销钉级目标。

2）高清可见光摄像机帧率（Frame Rate）不小于 24Hz。

3）支持数字及模拟信号输出，支持高清及标清格式。

4）连续可变视场。

红外热像仪分辨率不小于 640×480 像素；热灵敏度（NETD）（噪声等效温差）不大于 100mK；输出信号制式 PAL；在距离目标 50m 处，可清晰分辨出发热点。

（6）适配规约。为加强输电线路巡检用中型旋翼无人机和任务吊舱的适配性，对配装所涉及的机械、电气和通信等接口需进行规定。

1）机械接口。载机安装面距离地面不小于 520mm（确保吊舱在载机上安装后最下端离地面高度不得小于 140mm），安装支架的安装空间不小于 250mm×250mm，允许转塔回转空间直径不小于 270mm。吊舱体回转直径不大于 250mm，总高度不大于 400mm，吊舱高出安装面以上部分不得大于 20mm。载机的飞行有效载荷应不小于 10kg。单光源吊舱质量不大于 7kg（包括安装支架、无角位移减震器、紧固金具、数据存储设备、电缆等）。

2）电气接口。要求如下：

a. 载机供电电压为直流 28（1±15%）V，纹波系数小于 3%。

b. 吊舱适应电压范围为直流 28（1±20%）V，允许纹波系数 3%。

c. 载机供电峰值功率应不小于 80W，持续功率不小于 60W。

d. 任务吊舱的峰值功率应不大于 70W，持续功率不大于 55W。

3）通信接口。按照规约开放通信接口，与飞行平台共享一个数传，避免两者各带数传时，由于频段相近或滤波问题，发生干扰。机载飞控需向机载吊舱提供地理信息报文，控制接口采用 9600bps 通信波特率。

3. 固定翼无人机巡检系统

（1）环境适应性。固定翼无人机巡检系统在−20～+65℃存储温度条件下存储 2h 后，外观、结构无明显变化，飞行功能正常。固定翼无人机巡检系统（带包装）在跌落高度 1000mm 处跌落 2 次后，外观正常无损伤，飞行功能正常。

（2）飞行功能。对飞行功能的要求如下：

1）具备自检功能。整机自检项目应至少包括卫星信号、惯性测量单元（IMU）、磁航向计、飞行控制模块、电池电压、遥控遥测信号（数传）等。以上任一部件（模块）故障，均能在地面控制站或手柄上以明显的声（光）进行报警提示，并且系统锁死，无法放飞。根据报警提示，能直接确定故障的部件（模块）。

2）起降方式。具有自主起飞、降落功能，起飞方式可采用滑跑、弹射、手抛，降落方式可采用滑跑、机腹擦地、伞降、撞网等。

a. 采用滑跑方式起飞时，滑跑距离应小于 30m。

b. 采用弹射方式起飞时，弹射架的展开、组装和撤收等操作人员不多于 2 人。

c. 采用滑跑方式降落的无人机应配置着陆装置，降落时，滑行距离应小于 30m。

d. 采用机腹擦地方式降落的无人机降落时，滑行距离应小于 30m，触地部位应使用耐磨材料，机载任务设备、电机/发动机等核心部件不受直接冲击。

e. 采用伞降方式时，机体具备适当保护措施，降落时，机载任务设备、电机/发动机等核心部件不受直接冲击。

f. 采用撞网降落方式时，巡检系统应具备差分导航定位功能，机体布局应采用后置螺旋桨的布局形式，机载任务设备、电机/发动机等核心部件不受直接冲击。

3）具备巡航功能。支持自主、增稳、手动三种控制模式下的飞行；不论固定翼无人机巡检系统当前处于何种飞行状态，自主和增稳两种飞行模式可自由无缝切换，切换响应速度应小于0.1s；切换过程中，固定翼无人机巡检系统的飞行状态和飞行姿态不发生明显变化。

在正常作业环境和搭载有效荷载下，巡航时间不小于1h。在同一架次内无人机能按预定的三维地理坐标按照不同高度进行飞行，能以自主飞行模式按照指定飞行轨迹的预设航点平稳飞行。

飞行状态和任务模式可灵活配置，并可实现在飞行过程中适时调整，调整内容包括但不限于飞行航线、飞行高度、飞行速度、起飞方式、降落方式、拍照（摄像）方式、安全策略等，且应有参数设置的界面。一次任务可编辑航路点不少于200个。在自主飞行模式下执行任务时，应具有在人工干预后，选择是否继续执行任务的功能。

地面站能清晰明显地显示机头指向；具备地图下载显示功能，并能通过网络进行更新。可实时记录、下传并在地面站上显示各分系统工作状态、飞行航迹等信息，并可回放和导出；飞行任务保存功能，支持重复调用和编辑；摄录图像信息可在机载设备和地面站进行存储。

4）具备巡检能力。同时具备照相、摄像功能，具备手动拍照和定点、定时和定距自动拍照功能，并在机上保存成像时飞机的地理坐标。拍照时影像质量能在作业真高200m时，识别航线垂直方向上两侧各100m范围内的0.5m×0.5m静态目标。全程摄像时影像质量能在作业真高200m时，识别航线垂直方向上两侧各100m范围内的3m×3m静态目标。

5）具备通信性能。在飞行全程中，地面站应始终能与无人机保持双向通信。

6）具备安全策略。不论固定翼无人机巡检系统处于何种飞行状态，只要操作人员通过地面控制站或遥控手柄上的特定功能键（按钮）启动一键返航功能，固定翼无人机巡检系统应中止当前任务，按预先设定的策略返航。在地面控制站或手柄上应始终有电池电压显示，电压低于预设值时应有明显的声（光）提示。若采用弹射起飞，弹射触发启动装置需具备防误操作措施。

（3）其他要求。固定翼无人机平台外观美观整洁、结构坚固、无裸露导线，部件间连接紧固，且紧固件、连接件有防松措施。无人机外壳表面喷漆均匀，无划痕、针孔、凹陷、擦伤、畸变等损坏情况。地面站系统集约、整洁，无线路捆扎外露现象，有防振、防雨措施；软件参数显示完整（至少有飞行航迹、飞机状态信息、视频图像、预警信息等界面窗口），地面站软件界面具有操作友好性。若为电动型固定翼无人机，动力电池的技术要求同小型旋翼无人机巡检系统。

4. 大型旋翼无人机巡检系统

国内大型旋翼无人机巡检系统机型较少，技术尚不成熟，技术指标难以明确。部分现有机型可达到技术水平如下：

（1）续航时间大于 2h。

（2）测控距离 20km 及以上。

（3）具备一定安全策略。

（4）正常任务载重（满油）不小于 35kg。

（5）可一次搭载多种检测设备。

（6）可见光成像在距离不小于 70m 处清晰分辨销钉级目标。

（7）红外成像具备热图数据且能分辨设备发热故障。

四、技术指标及适用范围

旋翼无人机具备悬停功能，主要对输电线路导线、地线和杆塔上部的塔材、金具、绝缘子、附属设施、线路走廊等进行常规性精细检查；也可在线路发生故障后，根据故障信息，确定重点巡检区段和部位，查找故障点及其他异常情况。巡检时根据线路运行情况、检查要求，选择性搭载相应的检测设备能够进行可见光巡检、红外检测。固定翼无人机的应用场景主要是对大范围通道的情况进行巡视检测，并在发生灾害时迅速获取通道的倒塔断线情况，进行通道普查。

由于国内外均没有针对小型旋翼无人机巡检系统的技术和试验标准，为进一步了解国内外小型旋翼无人机巡检系统的现状及作业性能，国家电网公司于 2013 年起组织对各型无人机巡检系统开展现场测试，并在中国电力科学研究院初步建设了国内外首个具备无人机巡检系统性能试验能力的试验室。

1. 小型旋翼无人机巡检系统

小型旋翼无人机巡检系统主要对目视范围内、人不方便到达的 1～2 基杆塔进行飞行巡检，距离较短。由于生产制造门槛低，国内外有较多机型可供选择，但不同机型之间性能特点和技术指标存在较大不同，导致实际应用效果差异较大。前期对近 30 余款国内外机型开展了性能指标的测试，测试结果分析如下。

（1）续航能力。根据无人机巡检地理环境条件，将续航能力分为一般环境（平原地区）和特殊环境（高海拔地区）两种情况进行测试。测试结果见表 2-4。

表 2-4　　　　　　　　　　续 航 能 力 测 试 结 果

一般环境（平原地区）		特殊环境（高海拔地区）	
所占比例	续航时间（min）	所占比例	续航时间（min）
46.42%	20～30	19.04%	10.27～20
28.57%	30～40	42.85%	20～25
17.85%	0～50	23.80%	25～30
最大值	65.10min	14.29%	＞30
		最大值	35.43min

注　特殊环境下续航时间测试在人工环境气候罐中进行，试验气压约为 61kPa（相当于海拔 4000m）。

考虑到小型旋翼无人机巡检作业范围，要求其在正常作业条件下续航时间至少不低于 20min。由测试结果来看，多数机型的续航时间可满足通过一个架次的飞行对 1～2

基杆塔进行精细巡检的需求，且留有一定安全裕度。

（2）巡检控制精度。巡检控制精度包括定点悬停精度和控制精度两个指标。定点悬停精度主要考察无人机导航定位模块性能；控制精度主要考察无人机巡检过程中位置控制精度，主要涉及操控性能。

在定点悬停精度指标上，以水平方向精度为例，已测试各机型中所占比例见表2-5。

表2-5　　　　　　　　　　　　巡检控制精度（水平方向）测试结果

指标	<1m	1～2m	2～3m	>3m
定点悬停精度	15.38%	30.77%	34.61%	19.23%（最大为3.8m）
控制精度	32.14%	35.71%	25%	7.14%（最大为3.6m）

从巡检作业要求角度来看，定点悬停精度越高越有利于无人机准确按预设航点飞行和到达预设的巡检点，提高飞行的安全性和巡检的方便性；控制精度越高越便于作业人员进行操控，特别是在现场风向和风速多变的条件下更是如此。

从测试结果来看，多数机型定点悬停精度水平方向在2m以内，基本可满足巡检要求；但在垂直方向上，由于受现有导航定位原理限制，在定位精度上还有待进一步提高。此外，考虑到巡检作业时一般是远距离操控，且现场环境复杂多变，在没有其他辅助手段时，控制精度指标还应进一步提高，以便于作业人员控制无人机精确定位并成像。

（3）测控距离。测控距离受地形及飞行高度等因素的影响，即使在平坦地形，飞行高度越低，测控距离越小。由于巡检时作业高度一般在真高20～60m，且运行线路还可能对通信系统带来干扰，因此本项测试在城市近郊地区的带电线路附近（距线路约30m）进行，并考虑了飞行高度、数传和图传天线角度等因素对测控距离的影响。

从测试结果来看，对于数传和图传共享链路的机型，数传距离一般大于图传距离。多数机型在飞行高度60m以上时，数传和图传距离均可达到2km左右，个别机型可达到8km以上；也有少部分机型在1km左右时，出现图像严重失真、闪断、丢失等现象。

随着飞行高度的降低，各机型数传和图传距离随之降低，特别是保持全向稳定图传距离降低较大。在飞行高度40m时，约1/4机型数传距离仅有约1km，图传距离则更小。如某机型测试结果为：飞行高度大于72m，视频清晰流畅；高度在40～72m时，视频画面出现雪花；高度小于40m时，图像丢失。

由于实际巡检作业现场地理环境条件可能较测试环境更为复杂，因此应严格本项技术指标要求。

（4）抗电磁干扰性能。选择3款不同机型的小型旋翼无人机在±500kV、±800kV、500kV和1000kV电压等级超、特高压输电线路共享通道走廊内对±800kV杆塔开展精细化巡检作业，该通道电磁场强度相对通常输电线路要高。

测试的无人机在起飞过程至杆塔附近时均较为稳定。在杆塔附近采取全自主模式对导线挂点处进行拍摄时，有2款无人机保持悬停姿态时有晃动，但晃动较小，不影响作业；有1种无人机机体抖动很大，但未出现因电磁场原因造成的较大漂移或不可控情况。该现象说明，特高压输电线路相对较强的电场和磁场对无人机的飞控系统造成一定影响，但不同机型的抗电磁干扰能力不同，飞控系统受影响程度不同。

各型无人机仅在全自主模式下拍摄的影像如图 2-4 所示，影像质量差异较大，原因在于不同无人机的技术性能存在较大差异，且抗电磁干扰性能差异较大。在抵近线路附近时，图传均存在出现间隙性闪烁、雪花、甚至蓝屏无图传的现象，说明电磁场对无人机的通信系统存在影响。

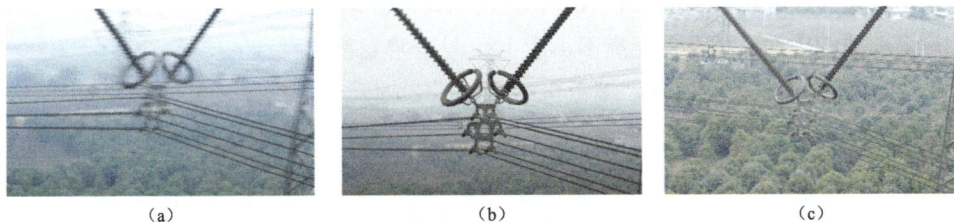

图 2-4　现场电磁环境测试的拍摄质量

(a) 机型 1；(b) 机型 2；(c) 机型 3

在实验室环境下对近 30 款无人机巡检系统开展抗电磁干扰性能测试，包括辐射抗扰度、静电抗扰度和脉冲磁场抗扰度三项。其中，辐射抗扰度试验检测无人机通信设备受射频电磁场辐射时的性能；静电抗扰度检测线路周边的电磁骚扰对飞控系统的影响；脉冲磁场抗扰度检测可能出现在线路上的较大暂态电流及脉冲磁场对无人机的影响。

从测试结果来看，绝大多数机型脉冲磁场抗扰度试验结果较好；在静电抗扰度试验中，少部分机型出现云台抖动、图像丢失等现象，需要人为干预恢复；对于辐射抗扰度试验，约 1/4 机型在所用通信频段附近出现不同程度的被干扰现象，有的机型在数传或图传被干扰后，暂停扫描后能自行恢复；个别机型需要停止试验，通过系统复位才能恢复正常功能。

综合各机型抗电磁干扰性能实验检测结果与实际现场巡检作业表现来看，在脉冲磁场抗扰度或辐射抗扰度试验中出现过被干扰现象的部分机型，在实际作业中临近运行线路后，往往出现操控性降低的现象，严重时甚至导致坠机。因此，应进一步针对输电线路周围环境特点，严格无人机巡检系统抗电磁干扰性能试验标准，例如在现有试验项目基础上增加工频磁场抗扰度等试验，以测试无人机受工频磁场骚扰时的性能。

（5）安全策略。所有测试机型均具备一键返航和链路中断返航等安全策略，但是具体功能则有所不同。以一键返航为例，多数机型在启动本项操作后，无人机只能按当前所在位置与预设返航点之间的连线进行直线返航；少部分机型则可在放飞前通过地面站对返航路径（包括返航高度等）进行设置。在链路中断方面，部分机型可在原地悬停等待一段时间，如果链路始终未恢复，则自动返航。

考虑到巡检作业现场的多样性和复杂性，如果在突发条件下无人机仅能直线返航，很有可能在返航途中遇上障碍物而发生事故。因此，在安全策略上，应是返航策略可预先设置，设置内容应包括但不限于飞行航线、飞行高度、飞行速度、降落方式以及等待时间等，在出现返航触发条件以后，无人机巡检系统应立即中止任务，按预先设定的策略返航。

(6) 成像质量。所有测试机型均可搭载可见光和红外成像设备,基本均具备手动和定点自动拍照功能。除极个别机型搭载的任务荷载为可见光和红外一体化设备外,其余机型均分开搭载可见光和红外成像设备。在可见光成像方面,大多机型采用了微单相机,手动拍照成像清晰,可在距离不小于10m处分辨销钉级目标物;但也有少数机型采用摄像机,成像质量较差。在红外影像方面,大多机型均为伪彩显示,成像清晰,可实时显示最高温度,可保存热图数据,满足在距离不小于10m处分辨发热故障点的要求。

从任务设备的挂载方式看,多数机型采用了三轴云台,具备较好的增稳效果,便于作业人员对目标设备进行识别,并对拍摄角度进行调整。个别机型未采用云台挂载方式,图像晃动较为严重,导致成像操作较为困难。从立足于国内现有技术水平出发,任务设备宜为单一可见光和单一红外传感器,在巡检时根据任务需要通过配套云台分别搭载,且支持手动和定点自动拍照。

选取特高压线路1基耐张塔附近开展小型无人直升机巡检能力现场测试,悬停拍摄的照片能满足销钉级要求,可清楚地分辨杆塔及导线上的各细小金具,部分拍摄图像如图2-5和图2-6所示。

图2-5　悬停拍摄图像　　　　　　　图2-6　局部放大图

2. 中型旋翼无人机巡检系统

通过对国内外各型中型旋翼无人机巡检系统进行测试,已具有一些中型旋翼无人机可携带任务吊舱按预设任务稳定飞行约40min,并具有一定飞行安全策略。在输电线路附近开展现场实地巡检测试,飞行过程中机身始终保持平稳,未出现明显抖动和晃动等现象。若巡检飞行速度为6m/s,单级塔悬停巡检时间为1min,返航速度为10m/s,平均档距为400m,则30min能完成10基杆塔的巡检,中型旋翼无人机可满足飞行巡检需求。

中型旋翼无人机续航时间多数为50min左右,个别可达90～120min;荷载一般为10kg左右,个别可达30kg;测控距离一般为5km;可通过预设航线自主飞行一次、精细巡检10基左右杆塔。针对输电线路巡检需求,可选的成熟、稳定机型较少,多为采用美国CopterWorks公司的AF25B型机体集成各种不同飞控系统的构架。

中型旋翼无人机由于尺寸较大、多为油动机(又称液压伺服马达),且不全在目视范围内巡检作业,巡检拍照距离一般在50m左右(水平30m)。因此,云台加任务设备的模式很难满足成像质量要求，必须使用吊舱。任务吊舱种类较多，但受飞行平台有效载荷限制及目前现有任务设备质量的约束，将任务吊舱规定为单光源吊舱（可见光吊舱、红外吊舱），限制质量小于 7kg。现有吊舱能保证水平、俯仰两轴转动范围，可同时搭载摄像机和照相机，质量一般为 5～7kg。可见光任务设备成像范围大、清晰度高，能远距离检测销钉级缺陷。红外任务设备分辨率相对较高，具备热图数据。

利用中型旋翼无人机搭载吊舱在输电线路附近开展现场实地巡检测试，吊舱回传画面清晰稳定，吊舱稳像精度良好，图传电台工作正常。测试中，飞机悬停距离杆塔约50m 处获取的部分影像照片可达到销钉级的要求，但拍摄图像质量清晰率以及照片的利用率不高。部分拍摄图像如图 2-7 和图 2-8 所示。

图 2-7　距离杆塔 50m 拍摄的耐张线夹　　图 2-8　距离杆塔 50m 拍摄的导线悬垂线夹

根据测试结果，可供选择的中型无人机飞行平台较少，但是吊舱的制造厂家较多，机械、电气和通信接口均不一致，不利于统一采购和使用维护。因此，为保证不同单位生产的任务吊舱与无人机飞行平台可通用安装和使用，可制定适配规约，对无人机与任务吊舱配置安装所涉及的机械、电气和通信接口进行规定。目前，从技术条件上看，部分无人机和任务吊舱的组合可基本满足线路巡检的需求，但在检测能力、安全控制策略、精细化避障、通信和抗干扰能力等方面还需优化。

3. 固定翼无人机巡检系统

固定翼无人机飞行速度快，在输电线路巡检方面主要用于对大范围的通道情况进行巡视检查、发生灾害时迅速获取通道的倒塔断线情况。国内固定翼无人机技术发展较为成熟，大部分机型基本能满足通道巡检的需求。

固定翼的动力供给包括动力电池和燃油。电动型固定翼无人机的电池容量在 5000～15000mAh 范围内，其续航时间受电池制约，一般在 23～35min，较少的仅 11min，个别可达 1h 左右；起飞质量一般在 7kg 以下，一般采用手抛或弹射方式起飞、伞降或机腹擦地方式降落，巡航速度 60～80km/h。油动固定翼无人机的续航时间一般在 1.5～3h，部分可达 10h；起飞质量相对较大，一般在 12～25kg，采用弹射或滑跑方式起飞、伞降或滑降方式降落，巡航速度 90～120km/h，个别可达 160km/h。

大多固定翼无人机巡检系统采用全画幅单反相机作为任务设备，使用焦距 24～35mm 的广角镜头拍照。飞行高度 150m 时，单张影像在航线垂直方向能覆盖地面 100m

以上的宽度；飞行高度200m时，单张影像能覆盖地面的范围更大。因此，在实际巡检中，能覆盖输电线路通道走廊。若巡航速度、拍摄距离等参数设置合理，影像能在航线方向实现纵向全覆盖。根据测试拍摄的图像来看，基本能看清倒塔、线下施工等常见通道故障，部分由于曝光时间过长导致影像拖影。

4. 大型旋翼无人机巡检系统

大型旋翼无人机的优势在于任务载荷大，可同时搭载多种任务吊舱；续航时间长、航程长；飞行平台重，抗风能力好；能加装冗余链路，增加通视距离。适用于输电线路巡检用的大型旋翼无人机巡检系统机型极少，在起飞或小速度飞行时易出现不稳定状态，抗侧风能力有限，通信抗干扰能力、冗余度不足。在平原、浅丘、高海拔等地区开展了飞行测试，高海拔或山区恶劣环境对大型旋翼无人机的飞行性能影响较大，油耗升高，最大起飞重量、悬停升限和任务载荷等性能指标均比常规环境下有所下降。个别单位探索空中中继模式，但中继机和任务机协同作业难度大。

目前，大型旋翼无人机巡检系统应用于输电线路更多地处在科研探索阶段。国内民用大型旋翼无人机机型成熟度不高，通信链路保障困难，任务设备与飞行平台不完全匹配。与有人直升机相比，大型旋翼无人机巡检可控性差、成本较高、安全风险高。且大型旋翼无人机的巡检使用和维护保养都极其复杂，相关政策暂不明确，对作业人员培训的要求极高，且需专门机库存放、专业班组定期维护。

第三节　无人机巡检作业条件

无人机巡检作业条件主要包括飞行空域、操作人员技术基础、巡检地区环境条件等方面内容。其中，无人机飞行空域牵涉面广，涉及军、民航空部门的组织与协调，所以是无人机巡检作业条件的最重要一环。

一、无人机飞行空域要求

1. 无人机空域划分的目的

对无人机空域按照需求进行类别划分的目的是在可以接受的安全范围内，为在此空域内运行的无人机提供最大限度地灵活性、机动性及最大安全间隔，并对其实施飞行管制。国内无人机空域划分的基本原则是"主导高空、控制中空、放开低空"。目前，在低空、低速、低成本无人机空域范畴内，相关规定和法律正在逐渐放开对这一范围内空域的管制。

但由于技术上的限制，无人机在可靠性、自主飞行、防撞规避、目标识别等能力还达不到有人机的适航要求，无人机使用民用空域申请较为困难，协调时间长，手续繁杂。在不久的将来，通过提高无人机系统平台的性能，从而合理划分所需空域，采用增量方式逐步实现我国无人机系统的国家空域系统集成，最终使得无人机系统可以像有人机一样常规使用国家空域，进行操作、训练和执行任务。

2. 无人机飞行空域使用现状

针对电力巡检的特点和需要，目前电力无人机巡检系统面临的空域现状为较为尴尬。根据《民用无人驾驶航空器系统驾驶员管理暂行规定》指出，在视距内飞行的微型无人机（质量小于等于7kg的微型无人机，飞行范围在目视视距内半径500m、相对高度低于120m范围内）无须证照管理。除此之外，在室内飞行的无人机和在人烟稀少、空旷的非人口稠密区进行试验的无人机，无须证照管理。然而，依照中国民航局《民用无人机空中交通管理办法》的相应规定，飞行前都必须向监管部门（也就是空军相关航管部门）预先申请空域。没有获得审批或备案的，都属于"违规"范畴。

严格来讲，合法的飞行分为两种，第一种是取得AOPA合格证＋获得飞行空域的审批；第二种是未取得AOPA合格证，但驾驶小型化无人机在可视范围内飞行＋获得飞行空域的审批。

3. 电力巡检作业无人机空域申请流程

电力巡检作业，也应根据中华人民共和国《飞行基本规则》《中国民用航空空中交通管理规则》、中国人民解放军《空军飞行管制工作条例》、各军区《飞行管制区飞行管制细则》以及上级有关空域管理规定的具体文件，进行合法、合规的空域申请工作。

军民航航空管制部门按照飞行管制区域的划分，依据空域管理的政策和法规，空域管理的程序和分工，负责无人机空域的设置、协调和调整等管理工作，对管制区域内的无人机空域进行直接或间接的控制。因此，在电力巡视之前，应合理制定飞行计划，注明飞行区域，并就无人机空域的立项调查申请上报，经相关军民部门的审查批准和公布后方可进行巡检作业。相关程序如下：

（1）飞行计划申请。飞行计划主要是指低空空域内通用航空飞行计划，其申请内容包括航空用户名称、任务性质、航空器型别、架数、机长姓名、航空器呼号、通信联络方法、起降机场（起降点）、备降机场、使用空域（航线）、飞行高度、预计飞行起止时刻、执行日期等。

（2）飞行计划受理。通用航空飞行只向一个单位申报飞行计划。建有飞行服务站的地区，通过飞行服务站受理飞行计划。未建飞行服务站的地区，依托军用和民用运输机场的由所在机场空管部门受理飞行计划；不依托机场的由所在地区飞行管制分区主管部门直接受理或指定相关军民用机场空管部门受理飞行计划。

（3）转场飞行计划审批。要求有：①民用机场（含通用机场临时起降点）之间的飞行计划，机场按照飞行计划所涉及区域和现行民航申报程序逐级上报，民航空管部门负责审批，并将飞行计划审批情况及时通报相关军民航空管部门；②民用机场（含通用机场临时起降点）与军用机场之间的飞行计划，机场（通用航空器在军用机场起飞时，由军用机场委托附近民用机场）按照飞行计划所涉及区域和现行民航申报程序逐级上报，民航空管部门商相关飞行管制区主管部门或空军航管部门后审批，并将飞行计划审批情况及时通报相关军民航空管部门；③军用机场之间的飞行计划，按照飞行计划所涉及区域和现行军航申报程序执行，相关飞行管制区主管部门或空军航管部门负责审批，并及时通报相关军民航管部门。

（4）场内场外飞行计划审批。通用航空用户向飞行服务站或军用机场、民用运输机场提出飞行计划申请（飞行活动范围在民用机场区域内由该机场审批），受理该飞行计划申请的单位集中报飞行管制分区主管部门。要求有：①飞行计划所涉及区域在飞行管制分区内的，由该部门审批；②超出飞行管制分区在飞行管制区内的，由该部门上报飞行管制区主管部门审批；③跨飞行管制区间的飞行计划，由飞行管制区主管部门上报空军航管部门审批；④仅需民航提供空管服务，由民航按级审批，并报备相对应的军航航管部门。飞行计划审批完后，及时通报相关军民航空管部门。

（5）飞行计划审批时限。要求有：①飞行管制分区内的飞行计划申请，应在起飞前4h提出，审批单位需在起飞前2h内批复；②超出飞行管制分区在飞行管制区内的，应在起飞前8h内提出，审批单位需在起飞前6h内批复；③超出飞行管制区的，应在起飞前一天15：00前提出，审批单位需在起飞前1天18：00前批复；④执行紧急任务飞行，应在起飞前30min提出申请或边起飞边申请，审批单位需在起飞前10min或立即答复。

（6）飞行计划报备时限。要求有：①监视空域飞行计划，通航用户应在起飞前2h向飞行计划受理单位报备，飞行计划受理单位需在起飞前1h进行报备；②报告空域飞行计划，通航用户应在起飞前1h向飞行计划受理单位报备，飞行计划受理单位需在起飞前30min进行报备；③接受报备部门原则上视为同意，如不同意，需在起飞前15min通知飞行计划受理单位。

（7）飞行计划实施。军民航空管部门严格按照飞行计划审批意见组织飞行计划申请与实施，与其他飞行计划确有影响时，按照现行空管运行体制，由相应军民航空管部门实施管制调配。空军和民航局统计汇总通用航空飞行计划审批及申请实施情况，以季度为单位报备国家空管委办公室。

（8）还应遵守的其他规定有：

1）空域划设应明确空域名称、水平范围、垂直范围、进出方法、提供服务单位及具体联系方式等要素；目视飞行航线应明确无人机代号、航线走向、飞行高度等要素。

2）航空用户使用管制空域必须同时具备以下条件：飞行计划获得许可；航空器配备甚高频通信设备、高精度气压高度表、二次雷达应答机和广播式自动相关监视设备（ADS-B）；无线电保持持续双向畅通；民用航空器驾驶员实施目视飞行最低应持有私人执照或运动执照、学生执照，实施仪表飞行最低应持有私人执照。

3）航空用户使用监视空域必须同时具备以下条件：飞行计划已报备；航空器配备甚高频通信设备和广播式自动相关监视设备；无线电保持持续双向畅通；民用航空器驾驶员最低应持有运动执照或学生执照；空域内飞行，航空器空速不大于450km/h。

4）航空活动如涉及多类低空空域，按照最高准入条件标准执行。

5）空域类型调整由飞行管制分区主管部门负责，报飞行管制区主管部门备案，由民航地区飞行情报管理部门向社会公布。如需长期调整空域类型，按照空域划设权限申报批准。

6）临时管制空域启用需提前4h，管制空域调整为临时监视或临时报告空域需提前2h，监视空域与报告空域之间调整需提前1h确定并发布，临时空域使用时限原则上不超过 24h。

二、无人机操作员培训经历

为保证电力巡检无人机飞行的安全，保证飞行过程中作业人员和附近行人居民的安全，电力线路在巡检过程中的安全，同时避免威胁其他航空器的飞行安全，电力巡检无人机操控人员必须取得有关部门颁发的相关证书。

无人机操作人员的培训、合格审定可分为模型（包括运动类、休闲类、业余自制类）、UAS（除模型以外的民用无人机系统）和大型 UAS 三大类型。

1. 无人机操控人员证书的分类

无人机系统机组成员和技术人员应有执照。现有的执照分为三类：

（1）中国民用航空局主管的全国性行业协会（AOPA）。AOPA 于 2004 年 8 月 17 日成立，是中国民用航空局主管的全国性行业协会，同时也是国际航空器拥有者及驾驶员协会（IAOPA）的国家会员，是其在中国（包括台湾、香港、澳门）的唯一合法代表。AOPA 出台的《民用无人驾驶航空器系统驾驶员训练机构合格审定规则（暂行）》，对驾驶员考试的课程、培训、飞行训练进行了详细的说明。

根据《民用无人驾驶航空器系统驾驶员管理暂行规定》，无人机驾驶员分为驾驶员、机长和其他驾驶员 3 类。要在 AOPA 取得无人机驾驶员的资质，必须在获得 AOPA 认证的训练机构中接受严格的训练，其中驾驶员飞行培训不少于 44h，机长培训不少于 56h，其他驾驶员则要不少于 100h 时的机长经历。截至 2015 年 9 月 18 日，获得临时合格证的训练机构有 41 家。学员可在这些训练机构接受相关民航无人机法规、无人机概述、正常飞行程序指挥、应急飞行程序指挥、无人机装机调试实践、无人机遥控装置设置、无人飞行器的维修及保养、无人机系统安全运行管理、应急处置练习等项目的训练和培训。之后，学员通过 AOPA 的笔试、口试和实践考试 3 个环节的考核，方能取得无人机驾驶员证件。

（2）由厂家颁发的无人机操控员证。电力无人机巡检正处于起步阶段，因故参与巡检作业的厂家和机型也是数量繁多。不同厂家出品的无人机不仅在品质上高低不同，在操作方法上也不尽相同。因故，对于该系列的无人机，出品厂家应对长期使用该机型的无人机操控人员进行专门的培训，对地面站操控软件、飞控系统及基本的维修保养等多方面进行培训。经过考试合格后，方可颁发由厂家认定的无人机操控人员飞行合格证。执有该证件的无人机操控人员才可以有资格对该系列的机型进行操控。并且由厂家负责该操控人员正常、合格的操控过程中因无人机自身的状况意外造成的影响。

（3）电力企业内部颁发的无人机作业证。近几年，无人机在电力系统的应用从无到有，并越来越广泛，一是在应用领域上，涵盖了电网建设放线、输电线路巡检及电网故障处置；二是从沿海到内地，都有开展无人机巡线报道，无论是山区、平原、高原巡线都有无人机足迹。

电力无人机巡检以"安全第一、预防为主"的原则来确保输电线路无人机巡视工作的稳定性。电力无人机操控人员，不仅需要具备一般无人机操控人员所应具有的专业知识，同时需要对输电线路具有相应的了解。其一是对《架空输电线路无人机巡检作业指导书》的学习，了解无人机巡检作业的相关标准和技术规范；其二是对《电力安全工作规程》的学习，了解输电线路运行的特点。对电力无人机巡检的培训，应着重于根据不同电压等级的输电线路的特点，合理安排巡检作业的作业方式。由相应巡检单位的安监科（安质组）对无人机操控人员做相应的培训及考核，对该培训应每年进行考核，并根据作业人员的作业等级颁发相应的作业资格证书。

2. 无人机系统操控人员资质证书颁发要求

证书由已在民航局备案的实施无人机系统驾驶员管理的行业协会颁发，根据无人机操控人员操控无人机的类别制定考核内容，同类型的无人机操控人员的基本考核内容应当一致，并且根据机载任务设备的不同增加相应内容的考核，无人机系统机组人员应有体检合格证。

要求进行理论培训、考核/检查，执照和等级的申请与审批，要求进行基础培训、不同类型无人机系统专业培训、定期培训，并根据相应的理论和实践培训的考核确定执照的颁发。由于我国现有无人机管理仍处于探索期，因此电力巡检无人机的资质认定现状仍在完善过程中。

3. 电力企业无人机资格证的适用范围

电力企业无人机资格证的适用范围有以下约定：

（1）一级：为新参加作业的人员、临时人员和厂家工作人员所持有的作业证，作业人员通过安全教育和安规考试，可以参与指定的工作，并且不能单独进行工作。

（2）二级：可担任无人机作业的维修人员以及机务人员，除一级所具备的要求外还应参与无人机结构的相关培训，经考试合格后方可颁发。持该作业证的人员不得担任无人机操作员。

（3）三级：可担任无人机的操作人员。除具备一级、二级证书所要求的资质外还需获得民航局认可的无人机系统驾驶员执照、厂家培训合格证，是无人机巡检任务的主要参与人员。视距内的程控人员虽不需要获得无人机系统驾驶员执照，也应为三级证书的持有人。

（4）四级：可担任无人机巡检任务的专责监护人、工作负责人、工作票签发人和工作许可人。熟悉电力安全规程及无人机作业指导书的相关内容并经过相应考试，具备 3 年以上无人机相关管理经验，为无人机巡检任务第一安全责任人。

三、无人机操作人员应具备的相关知识

作为电力巡检无人机的操作人员，为确保在作业中的安全必须掌握一定的航理知识，具备相应的资质及应对和处置各种突发事件的能力，包括：

（1）航空知识。需掌握无人机空气动力学相关基础知识，机动飞行中的空气动力，飞机的飞行性能、稳定性与操纵及飞机的发射回收等相关知识。

（2）有关无人机的关键飞行系统的知识。需掌握飞行系统组成和控制系统组成及操作维护保养等相关知识。

（3）气象学。需掌握大气成分及基本要素，大气特性、对流运动、稳定度、气团与

锋及锋面天气飞行的相关知识及严重影响飞行的气象情况，并且具备航空气象资料分析和应用能力。

（4）架空输电线路技术规范及安全规程。熟练掌握架空输电线路安全规程、架空输电线路无人机巡检安全规程、架空输电线路无人机作业指导书、架空输电线路无人机巡检空域申请规程等相关技术规范及安全规程并通过分级考试。

（5）通信程序。能熟练掌握各类机载和地面通信天线的连接、安装及通信频率调试（即对频），掌握我国对民用无人机射频指标的规定。

（6）无人驾驶航空器驾驶员的资格。需获得民航局认可的无人机系统驾驶员执照、厂家培训证合格证、电力公司相关证书等资格认证。

（7）无人机飞行训练等级。依照训练等级（驾驶员、机长、培训师）分别掌握相关技能及知识。

（8）有关无人机的飞行水平和时间。通过相关飞行考核并达到相应的机型飞行训练时间。

四、巡检地区的环境条件

电力无人机，在作业时往往面临较为复杂的地形，气象条件及电磁场等对无人机作业影响非常之大，因此，在巡检作业开始前要对巡检作业的环境状况有充分的了解，具体包括以下几个方面。

1. 电场环境

高压送电线路（高电位）与大地（零电位）之间的位差，形成较强的工频（50Hz）电场；电流通过时产生一定的工频磁场。尤其在多回路线路上，电场的交叉情况表现得尤为明显，因此，电力无人机巡检作业时应尽量避免贴近高压输电线路，尤其特别要注意避免在多回线路电场交叉严重的电场范围内进行飞行，从而避免高压电场对无人机的数传接收机等设备造成的干扰。

2. 作业环境气压高度

随着海拔的升高空气变得稀薄，大气压力也随之降低。大气压力对于降低飞机性能影响很显著。在较高海拔地区飞行，伴随大气压力的降低，起飞和着陆距离都会增加，同时，还会对爬升率造成很大的影响。

而随着海拔的上升，空气的稀薄度会逐渐上升。飞机上升力的主要来源在于机翼周围的空气流动。在空气稀薄状况下，飞机很难得到足够的上升气流，这样就必须增加更大的速度来获得足够的升力。固定翼无人机需要更大的滑跑距离来获得足够的升力，而旋翼机型也需要通过增加转速来提供足够的升力。这种情况下，不但燃料消耗更加大，同时也增加了巡检的危险性。

3. 气象条件

飞机的飞行性能主要受大气密度的影响。大气密度的改变导致气流发生变化，从而影响巡检作业的作业安全。对无人机飞行威胁最大、最具有代表性的恶劣气象条件有雷暴、风切变、紊流等。

（1）雷暴是春夏之交和夏季常见的天气现象，由对流旺盛的积雨云所产生。当大气层结构处于不稳定状态时产生强烈的对流，云与云、云与地面之间电位差达到一定程度后就发生放电产生雷暴。雷暴是一种复合的恶劣气象条件，在雷暴中常含有强烈的升气流、积冰、闪电、强降水、大风、风切变，有时还有雹、龙卷风和下击暴流等。

（2）风切变是一种大气现象，指风矢量（风向、风速）在空中水平和（或）垂直距离上的变化。

（3）紊流是指发生在一定空域中的急速并且多变的运动气流。其主要特征是在一个较小的空域中的不同位置处，气流运动速度向量之间存在很大的差异，且变化急剧。无人机一旦进入这样的区域，不但会导致急剧的颠簸和操纵困难，而且在不同位置处无人机会承受巨大的应力，严重时则可能造成对飞机结构强度的破坏。

无人机的飞控系统对于风向的改变具有一定的反应速率，然而在不停改变风向的紊流或风切变情况下飞行，无人机飞控系统在通过传感器计算不同螺距的速度上无法应变风向的改变，从而出现无人机难以及时适应应对风向的改变的现象，影响飞行精度，在风速过大时甚至会引起坠机现象的发生。同时，湿度过大，一是会影响无人机电气设备的硬绝缘，同时，空气中的水分会以小液滴附着在桨叶表面，形成液态粘着面，不但影响无人机的机械旋转性能，同时还造成无人机螺距的改变，从而影响飞控系统的计算。该现象对悬停精度的影响尤为突出，严重时甚至可能导致无人机的撞塔、碰线。无人机受气象条件影响比较大，特别是恶劣气象条件，如果不能准确判断、及时有效地回避，很可能会造成飞行事故。

五、其他方面技术条件

无人机巡检还涉及空间技术、计算机技术和信息技术，主要包括以"3S"（GPS、RS、GIS）技术为代表的现代测绘科学技术。

1. 空间定位技术

目前以全球卫星定位系统（GPS）为主要手段，随着我国"北斗"的发展，利用"北斗"卫星定位系统已成为必然趋势，空间定位技术除 GPS 之外，还有激光测卫（SLR），甚长基线干涉测量（Very Long Baseline Interferometry，VLBI）等。

2. 遥感技术

遥感技术（Remote Sensing，RS）是不接触物体本身，用传感器采集目标物的电磁波信息，经处理、分析后，识别目标物，揭示其几何、物理性质和相互联系及其变化规律的现代科学技术。一切物体，由于其种类及环境条件不同，因而具有反射或辐射不同波长的电磁波的特性。遥感技术就是利用物体的这种电磁波特性，通过观察电磁波，从而判读和分析地表的目标及现象，达到识别物体及物体所在的环境条件的技术。

遥感技术可以是飞机遥感和卫星遥感技术，过去，许多国家每天派出很多侦查飞机对地球上感兴趣的地区进行大量的空中摄影。对由此得来的照片进行判读分析需要雇佣几千人，而现在改用配备有高级计算机的图像处理系统来判读分析，既节省人力，又加快速度，还可以从照片中提取人工所不能发现的大量有用情报。由于各种原因，从遥感卫星所获得的地球资源图片图像质量总不是很好，如果仍采用简单的直观判读如此昂贵代价所获取的图像是不合算的，因此必须采用图像处理技术。如美国 LANDSAT 系列陆地卫星，采用多波段扫描器（Multispectral Scanner，MSS），在 900km 高空，对地球每一地区以 18 天为一周期进行扫描成像，其图像分辨率大致相当地面上十几米或100m。这些图像无论在成像、存储、传输过程中。还是在判读分析中，都必须采用很多的数字图像处理方法。目前遥感技术，尤其是卫星遥感，已经在资源调查、灾害监测、农业规划、城市规划、环境保护等方面有很大的应用效果。我国也在以上诸方面的实际应用中取得了良好的效果，对我国国民经济的发展起到了相当大的作用。

3. 地理信息系统

地理信息系统（Geographic Information System，GIS）是在计算机软件和硬件支持下，把各种地理信息按照空间分布及属性以一定的格式输入、存储、检索、更新、制图和综合分析应用的技术系统。它是将计算机技术与空间地理分布数据相结合，通过一系列空间操作和分析方法，为地球科学、环境科学和工程设计，乃至政府行政职能和企业经营提供对规划、管理和决策有用的信息，并回答用户提出的有关问题。

现有的无人机航空摄影测量技术将结合"3S"的优势，将每一张航空摄影图片与GIS相结合，形成更为立体、丰富的地理信息。目前，无人机用于电力航空摄影测量主要是使用固定翼无人机来进行。航空摄影测量是将摄影机安装在飞机上，对地面摄影，这是摄影测量最常用的方法。摄影时，飞机沿预先设定的航线进行摄影，相邻影像之间必须保持一定的重叠度——称为航向重叠，一般应大于 60%。互相重叠部分构成一个立体像对。完成一条航线的摄影后，飞机进入另一条航线进行摄影，相邻航线影像之间也必须有一定的重叠度——称为旁向重叠，一般应大于 20%。而在实际使用中，为了获得良好的拼图效果，还需做好两个方面，一是航空摄影前的相机标定，需要对主点、焦距、径向畸变系数、偏心畸变系数等进行检校，获得精确的检校值，供后期处理时校正畸变；二是提高重叠率，由于 GPS 的偏差影响，以及无人机在空中姿态变化，一般将要求将航向重叠达到 75%，旁向重叠达到 45%。

无人机在电力巡检应用中，除了航空摄影测量的平飞外，还需要使用固定翼无人机沿输电线路上方开展等高飞行。由于山区地形下，电力杆塔高度落差较大，如采用平飞测绘方式，位于山谷处的杆塔及线路信息将会缺失，此时采用依据地形起伏的等高飞行将会获得较为清晰的影像，适用于日常巡检和灾情应急普查。

4. 摄影测量学

摄影测量学是一门研究利用摄影或遥感的手段获取目标物的影像数据，从中提取几何的或物理的信息，并用图形、图像和数字形式表达测绘成果的学科。它的主要研究内容有：获取目标物的影像，对影像进行处理，将所测得的成果用图形、图像和数字表示。由于现代航天技术和电子计算机技术的发展，当代遥感技术可以提供比光学摄影所获得的黑白相片更为丰富的影像信息，因此在摄影测量学中引进了遥感技术，促进了航天测绘的发展。摄影测量学包括航空摄影、航天摄影、航空航天摄影测量、地面摄影测量等。航空摄影师在飞机或其他航空器上利用航摄机摄取地面景物影像的技术。航天摄影是在航天飞行器（卫星、航天飞机、宇宙飞船等）中利用摄影机或其他遥感探测器（传感器）获取地球的图像资料和有关数据的技术，它是航空摄影的扩充和发展。航空、航天摄影测量是根据在航空或航天飞行器上对地摄取的影像获取地面信息测绘地形图。地面摄影测量是利用安置在地面上基线两端点处的专用摄影机拍摄的立体像对，对所摄目标物进行测绘的技术。

第三章

旋翼无人机巡检技术

旋翼无人机的主要优点为直线起降、垂直升降，可做低空（离地面数米）、低速（从悬停开始）和机头方向不变的机动飞行，特别是可在小面积场地垂直起降。对巡检地形要求相对较低，极大地拓展了无人机巡检的应用范围。采用该机型开展巡检具有迅速、快捷、工作高效、不受地形影响、巡视质量高、巡视安全性高等优点。旋翼无人机巡检技术相对比较成熟，应用较为广泛，可是也有其不足之处，有待电力无人机巡检从业人员对其进行发掘和完善。

第一节　旋翼无人机巡检特点

旋翼无人机从动力可分为电动和油动两类，而从体积上可分为小、中、大三类。小型旋翼无人机通常采用电动方式，续航时间在 $20\sim40min$，采用 $1\sim2$ 人参与巡检作业，其维护保养成本较低，也不容易出现故障，适合单兵或小部队进行日常巡检作业。中、大型旋翼无人机通常采用油动，续航时间通常在 1h 以上，飞行距离大于 5km，载重也较高，操作人数较多，维护成本高，工作量大，适合集团性、中长距离、多杆塔的巡检任务。由于大型旋翼无人机巡检系统应用于输电线路更多地处在科研探索阶段，目前架空输电线路旋翼无人机巡检系统应用主要包括小型旋翼无人机巡检系统和中型旋翼无人机巡检系统。

一、小型旋翼无人机巡检特点

与其他类型无人机相比，小型旋翼无人机不仅在外形上，而且在飞行原理上都有所不同。用于电力巡检的小型旋翼无人机大多采用多旋翼结构设计。其飞行原理为采用多个螺旋桨且螺旋桨呈多边形对称交叉，来提供飞行所必备的升力。其相对的旋翼旋转方向相反，以此来抵消由于旋翼旋转所带来的反扭矩，从而使无人机保持精准的航向。其方向由不同旋翼之间的转速差决定，通过改变不同旋翼之间的转速，形成升力差，从而达到使无人机改变航向或转变方向的目的。比如最简单的四轴，改变对角电机转速，它就会水平转向；改变一侧电机转向，它就会一侧倾斜并侧移，改变前后两个电机转向，它就会前倾或者后倾并前进或者后退。具体旋翼结构种类如图 3-1 所示。

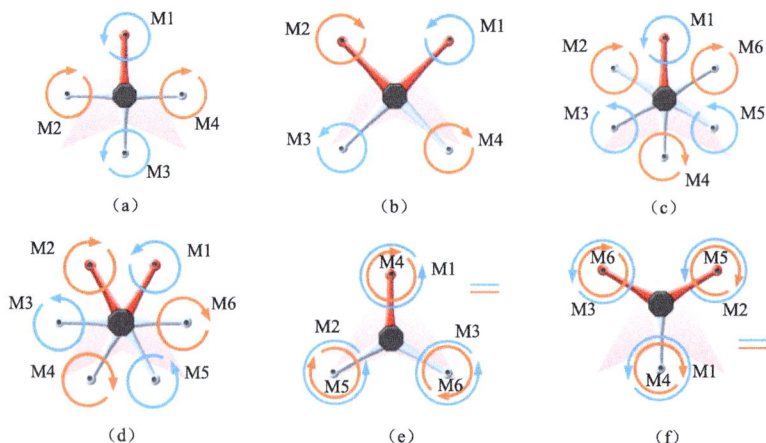

图 3-1　小型旋翼无人机旋翼结构种类

(a) I 型四旋翼；(b) X 型四旋翼；(c) I 型六旋翼；(d) V 型六旋翼；(e) IY 型共轴双桨六旋翼；(f) Y 型共轴双桨六旋翼

相较于其他电力巡检作业无人机，小型旋翼无人机的优势是明显的。由于采用直升结构，它能垂直起降，对起降场地要求较低，只需一个比飞机占地面积略大的平整地域便可起飞。这在电力巡检，尤其是山区，有着其他无人机所不可比拟的优势。由于其自重较小、起飞重量低、体积小、较轻便、配套设备简单、便携，因此更适合巡检作业人员的单兵携带。

小型旋翼无人机采用多旋翼结构，操作简单，悬停精度高。六轴以上结构的小型旋翼无人机，在折断 2 翼以下的情况下依然能安全返航，作业安全性相对较高。

小型旋翼无人机能够在空中悬停，这就契合了输电线路精益化巡视的作业要求。通过近距离悬停，对杆塔塔身、防雷设施、绝缘子串及周边金具等进行拍照检测，而且对每一相绝缘子串进行多角度拍摄，减少巡视死角，保证巡检质量。同时，与小型旋翼无人机相对应的是多轴云台的采用。当无人机机动飞行，俯仰、滚转姿态变化时，云台舵机能够随飞行器的俯仰、横滚姿态输出相应的水平、垂直角转矩，从而维持云台角度相对地面保持平衡稳定，从而保证拍摄画面时刻聚焦于前方部件。地面人员通过云台控制装置能随时调整拍摄角度，远程进行相机调焦、对焦根据画面成像优劣，有选择地进行线路设备的影像拍摄。同时，除可见光云台的使用，红外测温设备也已大量常规化的应用于小型旋翼无人机的输电线路巡视作业中。无人机输电线路巡视用途的特殊性要求无人机巡视过程除了要清晰地反映杆塔、杆塔基础、线路外部环境、绝缘子瓶、接地装置等可视设备外，还需要准确地反映出线路不可视的运行状态（如断股、散股、异常放电等微小甚至是不可视隐患），这就需要同时挂载更加符合要求的设备，输电线路的隐患大多伴随着异常发热的产生，采用红外拍摄将会是比较有效的方式。由于小型旋翼无人机可以对输电线路进行近距离悬停拍摄，因此，搭载的红外云台设备无须配置高倍镜头，而且由于拍摄距离就地面拍摄近得多，从而避免了多余热源对拍摄精度造成的干扰，从而在降低输电线路红外测温成本的同时还提高了红外测温的判断精度。

小型旋翼无人机相对于中型旋翼无人机和固定翼无人机，对飞控子系统、数据传输系统和图像传输系统的依赖性更大。鉴于小型旋翼无人机的飞行稳定性不如中型旋翼无人机和固定翼无人机，目前在电力巡检作业方面，不建议采用超视距航点飞行的模式进行巡检作业。这就更加依赖于纯人工手控飞行。飞控子系统为无人机的"大脑"，数据传输系统和图像传输系统就相当于作业人员的"眼睛""耳朵"。飞控子系统是无人机完成起飞、空中飞行、执行任务和返场回收等整个飞行过程的核心系统，飞控对于无人机相当于驾驶员对于有人机的作用。飞控一般包括传感器、机载计算机和伺服动作设备三大部分，实现的功能主要有无人机姿态稳定和控制、无人机任务设备管理和应急控制三大类。

数据传输系统是采用数字信号处理、数字调制解调，具有前向纠错、均衡软判决等功能的无线数据传输电台。无人机上的远距离数据链传输，能实时传回无人机的各种数据。地面控制人员还能随时发出指令，下达新的任务规划。

无人机图传系统，就是采用适当的视频压缩技术、信号处理技术、信道编码技术及调制解调技术，将现场无人机所搭载的摄像机拍摄到的视频以无线方式实时传送到远距离后方的一种无线电子传输设备。无人机图传系统，尤其是高质量的图传系统在行业无人机的应用中扮演着极为重要的角色，是不可或缺的。尤其在无人机行业应用的时候，在绝大多数任务场合都需要在远离现场的情况下，实时、可靠的观察或获取现场图像及视频，而此时无人机图传系统就会显现出它的重要作用。

综上所述，小型旋翼无人机具有作业负荷轻、起飞面积小、作业方便、快捷等优点。由于小型化轻量化的原则，小型旋翼无人机也面临着很多问题。小型旋翼无人机多数采用锂电池供电。锂电池具有充放寿命衰减的特性，在多次充放电后，其蓄电及放电效率会产生一个很大的衰变，从而影响巡检的作业时间和作业安全。锂电池的保养需求很高，同时对作业温度也有很高的要求，这都限制了小型旋翼无人机在低温或高海拔等作业环境比较苛刻的地域的巡检能力。同时，锂电池在充放一定次数之后就面临着报废的问题，处理报废锂电池，避免污染也将是小型旋翼无人机将来不可避免的问题。

载重、动力源和能源贮存量的限制直接导致了小型无人机的旋翼直径不可能过大。同时，机体体型的限制使得干扰屏蔽层的厚度不会很大。我们不难发现，在抗风及抗干扰能力上，小型旋翼无人机就不及中、大型旋翼无人机和固定翼无人机来的稳定。因此，相对于小型旋翼无人机而言，科学合理的作业流程尤为重要。经过丰富的理论研究和现场测试，制定合理规范的无人机巡线作业流程可以显著提升小型旋翼无人机的作业效率和作业安全性。

然而，多旋翼的结构特性决定了其飞行过程必须采用多个电机进行配合作业，而每台电机在工作的同时，都会造成能量的浪费。这也使得小型旋翼无人机的能源利用效率是所有无人机类型中最低的。为了提高载重能力和抗风能力，小型旋翼无人机又必须增加旋翼数量或加大旋翼面积。旋翼面积和无人机所受风力阻力成正比，过大的旋翼面积也会降低无人机的工作效率。同时，锂电池是由多片锂聚合物电池片聚合而成，电量与电池自重是成正比的。也就是说，无人机所携带的电源越大，其自重就越高。这两点，限制了小型旋翼无人机的巡检作业时间。不难看出，旋翼数量越多，旋翼面积越大，无人机体积越大，无人机的飞行效率越低，飞行时间越短。然而，低旋翼数量和小体积又会影响小型旋翼无人机的抗风能力和载重能力。现有的小型旋翼无人机大多巡检时间在 30min 左右,很少有超过 1h 的。这也大大限制了小型旋翼无人机在电力巡检上的应用。目前,小型旋翼无人机只能用作单兵近距离精益化巡检作业,尚难以胜任全自主巡检的重任。希望在不久的将来,小型旋翼无人机也能做到一键起飞,全自主飞行巡检。

二、中型旋翼无人机巡检特点

相较于小型旋翼无人机,中型旋翼无人机的作业特点十分明显。由于起飞体积和起飞质量较大,从而具有小型旋翼无人机所不可比拟的抗风能力和飞行稳定性。而高体积、大载重使得使用汽油作为飞行动力成为可能。这就大大增加了无人机作业时长和飞行巡检质量。图 3-2 为 25B 型中型旋翼无人机。

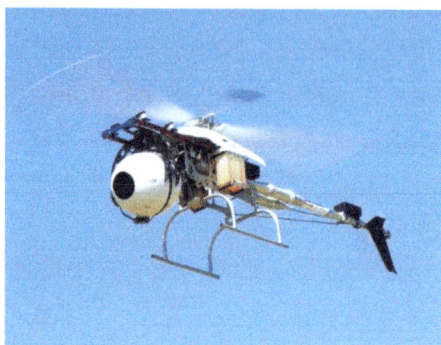

图 3-2　25B 型中型旋翼无人机

中型旋翼无人机可采用电力或汽油驱动。而鉴于上文所提及,锂电池有电量和电池体积载重之间的问题,大多数中型旋翼无人机都采用汽油驱动。将汽油和机油以一定配比(通常为 35∶1 左右)灌注于油动发动机,这样无人直升机就具备了长距离、长航时的作业能力。

中型旋翼无人机的载重能力使得其可以携带相对于多轴云台作业能力更加优越的光电吊舱进行作业。机载汽油发电机可以为对电能要求较高的光电吊舱提供足够的电能供给。光电吊舱采用多框架架构技术,基于陀螺稳定原理,通过数字化和先进驱动技术,利用内外两层框架实现稳定控制,有效隔离载体运动向内部载荷平台的传导。机载多框架光电吊舱适用于直升机、固定翼等多种类型的有人/无人飞机,在强振动、大风阻等不利扰动环境下,保持吊舱内部载荷平台微弧级精度稳定。机载多框架光电吊舱根据配备的载荷,如高清照/摄像机、红外传感器、激光测距仪、激光指示器等,这样可以更加有效地对输电线路进行精益化巡检、红外测温、激光测距等工作。

大型数传/图传系统的运用使中型旋翼无人机的作业范围扩大到了 5km 以外。作业人员手动控制无人机起飞,随后利用预先设置好的飞行轨迹,根据任务点,切换旋翼无人机的作业模式,自主进行航线飞行。当旋翼无人机飞抵作业点,其便进行悬停模式。作业人员在远处遥控光电吊舱对杆塔进行精益化巡检作业。作业结束后,可继续遥控无人机飞往下一作业点进行巡检作业。全程无须作业人员人工控制,全依赖于机载飞控子系统操作无人机,长距离、超视距进行巡检作业是中型旋翼无人机有别于小型旋翼无人机的最大的特点。

体积相对合理、载荷大、操作灵活、使用方便、可靠性高等特点,使中型无人直升机在中长距离可见光精益化巡检、红外测温等多种飞行任务应用领域得到了广泛的应用。中型旋翼无人机机体部分在动力传动、变速箱结构、减振器件等方面的优势,提高了直升机机体自身的合理性与可靠性，双皮带传动的特别设计也有效地降低了机体的飞行振动，从而保证了在巡检作业中能够消除拍摄画面的高频振动与晃动，达到更高巡检作业要求。光电吊舱的水平、俯仰、旋转三轴及摄像机的工作状态都可以通过地面站系统进行实时控制，同时地面站系统可以同步接收机载摄像设备的回传视频。无须地面人员的操控，既可以完成高精度的定点自主悬停飞行。在提高直升机稳定性的同时，也让操作、使用变得简单易学，安全性、可靠性都会有很大的提高，极大地减少了因操作失误和气流突变可能引起的飞行事故，从而实现自主起降和超视距自主飞行，拓展了旋翼无人机的巡检适用范围。

可是，中型旋翼无人机也具有很大的不便性。作业体积较大，起飞点要求高，作业设备复杂，作业规模大，购买、维修保养成本及难度高。汽油的贮存、运输都是制约中型旋翼无人机发展的不利因素。由于采用汽油驱动，汽油与机油的配比一旦出现错误，都会造成严重的后果。汽油比过高，容易造成富油，导致发动机温度过高，无人机设备磨损过高，甚至会造成拉缸、空中熄火、活塞与环粘连，从而导致坠机。而机油比过高，则会导致无人机动力不足，还会造成积碳，堵塞油路，影响火花塞寿命。同时，长距离、超视距的作业对于飞控子系统、导航定位系统、抗干扰系统等作业系统的要求更高，一旦发生故障，轻则设备损坏，重则导致人员伤亡事故，电网损坏事故，甚至会引发森林火灾，这也是电力巡检无人机从业人员不得不考虑的问题。

三、输电线路旋翼无人机的性能指标测试

常规环境巡检可使用小型旋翼无人机、中型旋翼无人机开展作业，为验证其在常规环境中巡检的效能，分别选用不同机型对其进行技术测试。

1. 小型旋翼无人机

小型旋翼无人机可以悬停、近距离拍摄，具有操作灵活、机动性强、安全性好的优点，但其续航时间短、通信链路距离有限。

（1）测试内容。选择相对复杂且正在工程验收的特高压线路±800kV××线 1 基耐张杆塔开展小型旋翼无人机巡线勘察能力测试，过程中按照不同飞行高度、不同飞行距离对比测试，总计飞行 2 个架次，测试内容见表 3-1。

表 3-1　　　　　　　　　　　　飞行测试内容

飞行架次	记录方式	天气	风力	飞行环境	往返飞行总距	飞行方式	拍摄高度
1	照片	晴	2级	山区海拔100m	3km	悬停	海拔300m
2	照片	晴	2级	山区海拔200m	0.2km	悬停	海拔300m

2 个架次飞行设置了山顶和山脚两个不同的起飞点。飞行线路均从测试场起飞后，采用手动控制方式直接靠近±800kV××线 1 基耐张杆塔进行悬停拍摄，而后原路返回至起飞点，单次航时与拍摄时间均在 15min 左右。

（2）测试过程。通信链路在测试过程中连续传输，实时图像传输基本稳定。实现在

飞行过程中的定点悬停拍摄，可以对拍摄主体手动对焦。第一架次测试由于距离较远，从安全考虑，与铁塔保持了约 10m 左右的距离进行拍摄，画面基本清晰，但铁塔金具细节不够清楚。第二架次测试在铁塔附近 30m 左右的空地进行起飞，无人机靠近到 3m 左右的距离进行拍摄，画面对焦准确，杆塔金具清晰可辨，如图 3-3 所示。

图 3-3　距离铁塔约 3m 悬停采集图片
（a）效果图；（b）局部放大图；（c）采集图片 1；（d）局部放大图；（e）采集图片 2；（f）局部放大图

（3）测试结果分析。用于测试的该型号小型旋翼无人机可在地面站对相机参数进行实时调整，并进行对焦拍摄。云台系统振动较小，旋转角度已足够满足拍摄需要。图传系统在信号良好情况下全程可对拍摄画面进行观察。距离铁塔 3m 悬停采集的照片能满足销钉级要求，可清楚地分辨杆塔及导线上的各细小金具，基本可以承担输电线路的部分巡线和勘察功能。

但由于本次测试为非带电设备，对于带电设备，为确保安全，无人机需与铁塔保持

5m 及以上的安全距离，因此实际应用进一步制定巡检方案，确认安全距离的销钉级图像要求及信号稳定性等安全策略，同时需进一步验证。

2. 中型旋翼无人机

（1）测试内容。采用现场实地巡检方式，巡检线路为 220kV 线路，起降点设置于线路附近的一处空旷场地，总计飞行 3 个架次，第一个架次进行试飞；第二个架次对 2 基杆塔进行巡检，根据杆塔坐标在距离杆塔 50m 左右分别设置两个航点，无人机到达航点后进行照片拍摄，航点距离起降点 500m 左右，此架次主要测试光电吊舱能否满足销钉级拍摄要求；第三个架次对 1 基杆塔进行巡检，根据坐标在杆塔附近设置航点，航点距离起降点 3100m，此架次主要是进行通信链路的拉矩复测，用以判断链路稳定性。

（2）测试过程。此次测试的机型为 TC-25B 中型旋翼无人机，飞机飞行姿态控制水平优良，飞行过程中机身始终保持平稳，未出现明显抖动和晃动等现象，飞行姿态平稳性能满足吊舱拍摄清晰的照片质量，如图 3-4 所示。飞机的自主降落偏差在 2～3m，无法实现全智能、无人工干预（飞机在起飞和降落都需人工干预）的自主起降。在拉距测试中，通信链路连续传输，实时图像传输基本稳定。在吊舱与飞机的适配上，吊舱回传画面清晰稳定，吊舱稳像精度良好，图传电台工作正常。测试中飞机悬停距离杆塔约50m 处获取的部分影像照片可达到销钉级的要求，但拍摄图像质量清晰率及照片的利用率不高，其原因可能是与吊舱的减振系统有关或者是拍摄距离大于 50m（飞机的地面操作系统无法显示与拍摄点的真实距离）。

(a)

(b)

(c)

图 3-4　距离杆塔 50m 巡检照片

(a) 耐张线夹；(b) 导线悬垂线夹；(c) 地线悬垂线夹

（3）测试结果分析。用于测试的该型号中型旋翼无人机和吊舱设备虽然事先经多次联调测试，部分可实现距离杆塔 50m 悬停拍照达到销钉级的要求，但无人机飞行距离在 1.2km，高度在 270m 时发生图传丢失现象，返航至 1.2km 处恢复，同时图传延时偏高，在 370～610ms，在实时图传中显示的时间和速度存在较大偏差，在实际操作中的稳定性不佳。

中型旋翼无人机一般用于超视距的远程任务作业，图传丢失、图传延时偏高、图传中显示的时间和速度偏差等问题直接影响无人机的实际应用，增加了任务过程中的飞行安全隐患。中型旋翼无人机到达任务点后悬停点一般就不做改动，因此任务设备的作业范围及拍摄角度受到了很大的限制，飞机灵活性较差。由于中型旋翼无人机的通信链路要求线路通道全通视、无遮挡，飞行场地选择较苛刻，目前在山区的使用性不大。

根据输电线路小型、中型旋翼无人机的性能指标测试，小型旋翼无人机可以在架空输电线路巡检进行推广应用，中型旋翼无人机在架空输电线路巡检应用仍待进一步提升，因此本文架空输电线路巡检应用的主要是小型旋翼无人机。

四、架空输电线路旋翼无人机缺陷发现能力测试

选择 1 基 500kV 线路基建杆塔，人为设置 11 处输电线路典型缺陷，分别应用旋翼无人机和人工巡视各开展 20min 巡检作业，对两者发现缺陷能力进行比较。旋翼无人机巡检总计发现缺陷 17 项，其中 10 处为人工设置缺陷，7 处为基建杆塔自身存在的缺陷。人工巡检总计发现缺陷 7 处，其中 4 处为人工设置缺陷，3 处为基建杆塔自身存在的缺陷。无人机、人工均发现缺陷共 4 项，见表 3-2；无人机发现、人工未发现缺陷共 13 项，见表 3-3；人工发现、无人机未发现缺陷共 3 项，见表 3-4。

表 3-2　　　　　　　　无人机、人工均发现的缺陷

缺陷	无人机采集图片	人工采集图片
缺陷1：地线接地线脱开		
缺陷2：导线防振锤外逃		

续表

缺陷	无人机采集图片	人工采集图片
缺陷3：导线上有异物	 无人机侧压接管处有疑似麻绳状异物	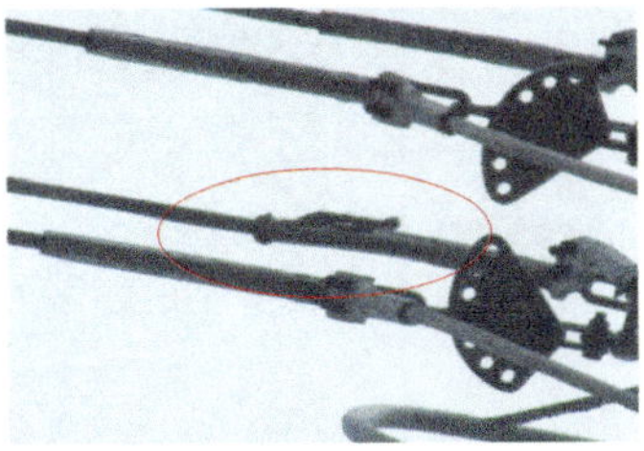 人工子导线压接管处有塑料薄膜异物
缺陷4：上中下三相大号侧、小号侧均设有临时施工接地线		

表3-3　　　　　　　　无人机发现、人工未发现缺陷

缺陷	无人机采集图片	缺陷	无人机采集图片
缺陷5：人工设置，右侧上相大号侧绝缘子与塔身连接处U形环缺一开口销		缺陷6：人工设置，地线放电间隙铝线缠绕	
缺陷7：人工设置，右上相导线引流绝缘子上端均压环缺少螺栓一只		缺陷8：人工设置，右上相导线引流绝缘子上端挂点穿心螺杆缺少螺帽一只	
缺陷9：人工设置，右上相导线挂线金具缺少开口销一只		缺陷10：人工设置，右上横担缺少角铁一块	

续表

缺陷	无人机采集图片	缺陷	无人机采集图片
缺陷 11：人工设置，右上相小号侧 1 号子导线压接管扭曲超标		缺陷 12：右侧上相跳线绝缘子串下部均压环倾斜（其余各相也有不同程度的倾斜）	
缺陷 13：右侧中相小号侧绝缘子串外侧 U 形环螺母未紧	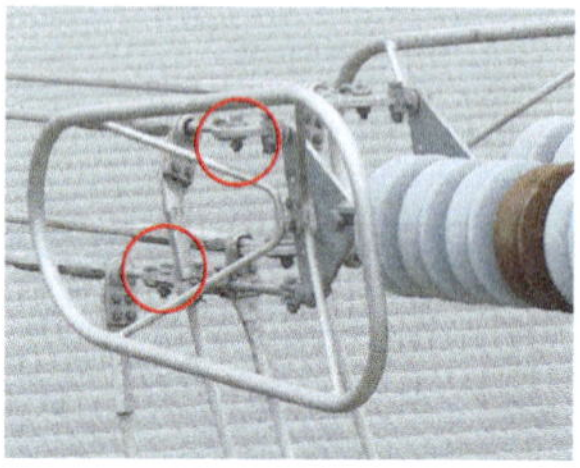	缺陷 14：右侧中相小号侧绝缘子串有疑似铁丝状异物	
缺陷 15：右侧下相大号侧绝缘子与塔身连接处延长板缺一只开口销		缺陷 16：右侧下相大号侧绝缘子串有疑似铁丝状异物	
缺陷 17：右侧下相跳线绝缘子上部碗头处 W 销脱出			

表 3-4　　　　　　　　　　人工发现、无人机未发现缺陷

缺陷	人工采集图片	缺陷	人工采集图片
缺陷 18：人工设置，右侧上相小号侧子导线引流板螺栓缺少螺帽	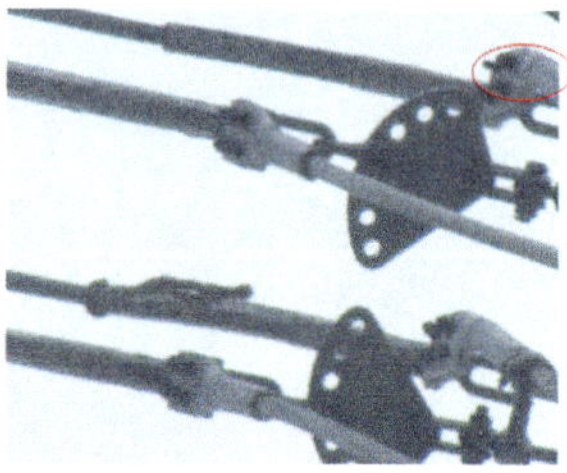	缺陷 19：右侧下相大号侧内侧串直角挂板第 2 颗螺栓缺开口销	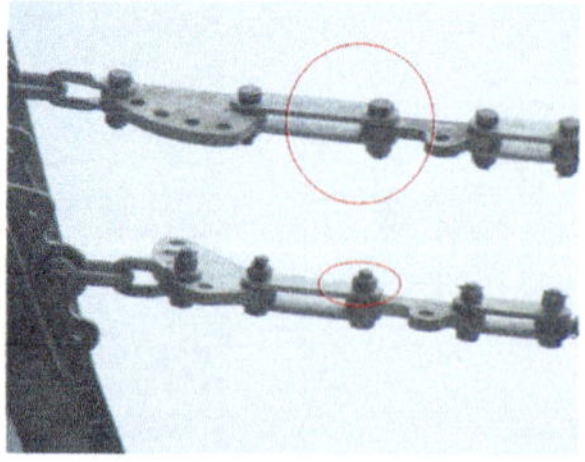

续表

缺陷	人工采集图片	缺陷	人工采集图片
缺陷 20：右侧上相小号侧 4 号子导线压接管有毛刺			

　　根据上述无人机巡检、人工巡视发现并采集的缺陷照片情况进行分析，可基本判断按巡检作业标准开展的旋翼无人机对杆塔实施全面精细化巡检，可以明显地辨别杆塔绝缘子串及各电气连接部分金具是否存在缺陷，发现人工地面不能发现的缺陷，可有效弥补人工地面巡视不足。

第二节　旋翼无人机巡检作业标准

　　由于结构和地形不同，不同电压等级、不同杆塔类型、不同回路架设的杆塔巡检步骤、巡检内容和要求各有所异。由于技能水平的不同，操作人员对各部件的巡检方法、质量、效率、安全性也有较大差异。

　　在实际巡检工作中，对同一基杆塔由于操作人员巡检作业方法不同发现缺陷数量均不等，因此，需以标准化流程为主线，建立旋翼无人机典型塔型巡检标准，提高无人机巡检效率和巡检质量，提升无人机巡检作业水平。

　　通过基础资料收集、巡检模板编制、现场验证完善三个阶段制定典型塔型巡检标准，指导巡检人员有序、规范开展线路各部件的全方位巡查，提高巡检质量和巡检效率，减少人员差异对巡检质量的影响，同时可作为培训手册，为旋翼无人机巡检技术推广应用提供技术支持。

一、无人机巡检通用细则

　　通用巡检标准细则规定如下：

　　步骤一：起飞后在低空进行悬停检查，判断机体状态和悬停精度。在检查无误后开始巡检作业。检查飞行模式，选择最佳飞行线路，避免遮盖物和飞行障碍物。缓慢上升至左侧绝缘子串水平位置，根据相导线位置调整飞行角度和云台摄影角度，左相的绝缘子串、金具进行拍摄，先拍摄左侧绝缘子串、金具整体情况；再调整焦距，对局部情况进行拍摄。其要点在于拍摄绝缘子情况，连扳情况，压接管连接板，螺栓开口销，以及其他巡检特殊要求拍摄要点。

步骤二：在保证飞行安全的情况下匀速、缓慢上升至杆塔顶部，悬停高度略高于地线顶架，调整云台角度，对左侧地线及挂点和金具进行拍摄。在拍摄过程中为防止脚架对拍摄造成遮挡，可适当旋转无人机，在旋转过程中注意避免脚架等设备对飞行信号造成的干扰。其拍摄要点与左相拍摄要点相似。

步骤三：结合云台观测到的情况及杆塔高度数据提高飞行高度，在飞行过程中注意和地线的距离，必须在飞行高度超过地线顶架并保持相关安全距离后方可接近杆塔，翻越杆塔至另一侧，缓慢下降，悬停高度略高于右侧地线顶架。保持对尾姿态，旋转云台并调整拍摄角度，对右侧地线及挂点和金具进行拍摄，其要点与左侧相同。

步骤四：缓慢下降至右侧绝缘子串水平位置，在下降过程中注意保持与杆塔的安全距离。对右相的绝缘子串及连接金具进行拍摄，先拍摄整体，再调整焦距，拍摄局部，其要点与左侧相同，关注飞行姿态及飞行情况，一旦出现飞行状况，可根据现场情况停止拍摄，就近返航或采取安全策略。

步骤五：缓慢上升至合适高度，避免杆塔遮挡，对大小号侧通道及周围危险点进行拍摄。拍摄时注意通道情况不得有遮挡，以照片可以看见上（下）1 基杆塔为宜，注意通道内的树木、施工点及特别拍摄要求等需要关注的拍摄要点。

二、不同塔形的巡检作业标准

限于篇幅，各电压等级对巡检标准不一一赘述。现就各不同塔形举例对巡检标准进行说明。

1. 通用部分

（1）飞行前准备：

1）查勘现场，了解线路走向、特殊地形、地貌及气象情况。

2）对无人机进行起飞前检查，确保无人机机处于适航状态。

3）操控手应提前了解作业现场当天的气象情况，依规定，决定是否能够开展巡检作业。

4）收集被巡线路资料，包括杆塔明细表等。

（2）巡视内容：

1）根据巡视内容主要采取可见光、红外 2 种巡视作业方法。

2）应用照相设备对铁塔上部的塔材、金具、导线、地线、附属设施及线路走廊进行可见光巡检。

3）如需进行红外线测温拍摄，需更换红外云台或采用可见光/红外双视云台。红外巡检主要为针对某一特定发热杆塔部位进行测温取样拍摄，其巡检作业方式大体与可见光相同。

2. 单回路直线塔巡检作业标准

塔身本体拍摄位置如图 3-5 所示，拍摄顺序为：位置 1→位置 5。

3. 单回路耐张塔巡检作业标准

塔身本体拍摄位置如图 3-6 所示，拍摄顺序为：位置 1→位置 10。

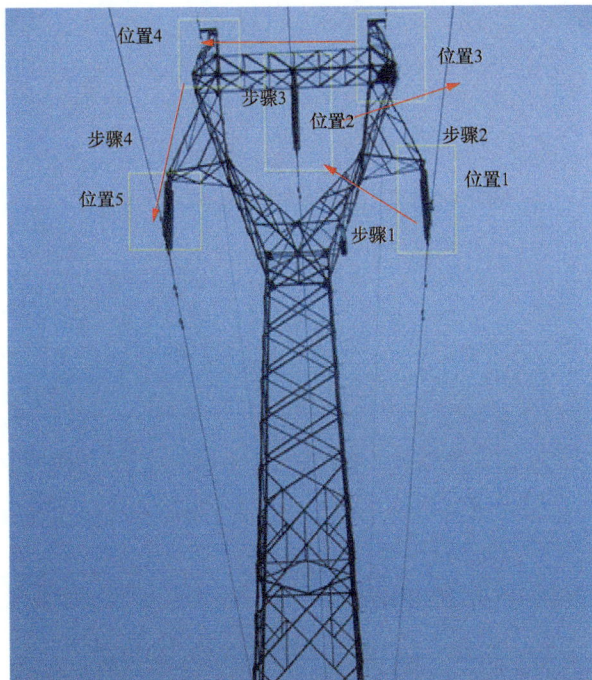

图 3-5　单回直线塔塔身本体拍摄位置图

位置 1、位置 2、位置 5—绝缘子串及金具；位置 3、位置 4—地线

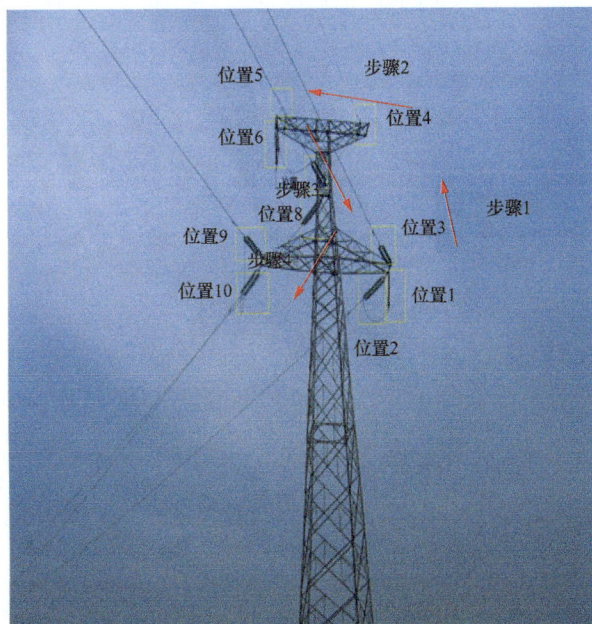

图 3-6　单回耐张塔塔身本体拍摄位置示意图

位置 1～位置 3、位置 6～位置 10—绝缘子串及金具；位置 4、位置 5—地线

4. 双回路直线塔

塔身本体拍摄位置如图 3-7 所示，拍摄顺序为：位置 1→位置 8。

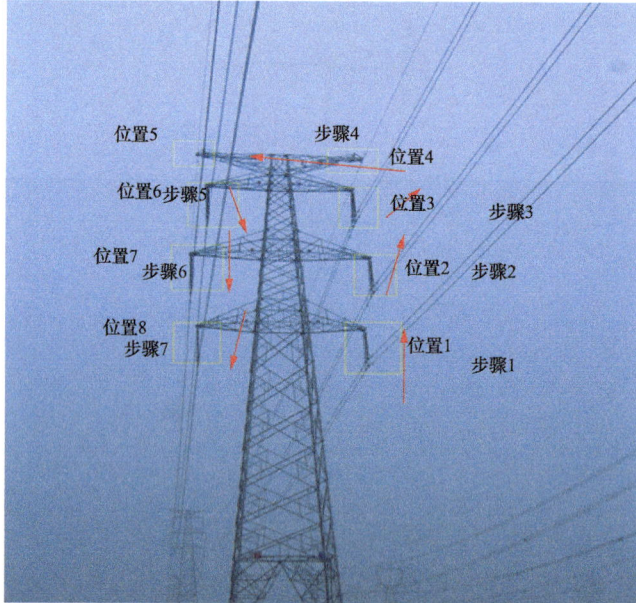

图 3-7　双回路直线塔塔身本体拍摄位置
位置1～位置3、位置6～位置8—绝缘子串及金具；位置4、位置5—地线

5. 双回路耐张塔

塔身本体拍摄位置如图 3-8 所示，拍摄顺序为：位置 1→位置 14。

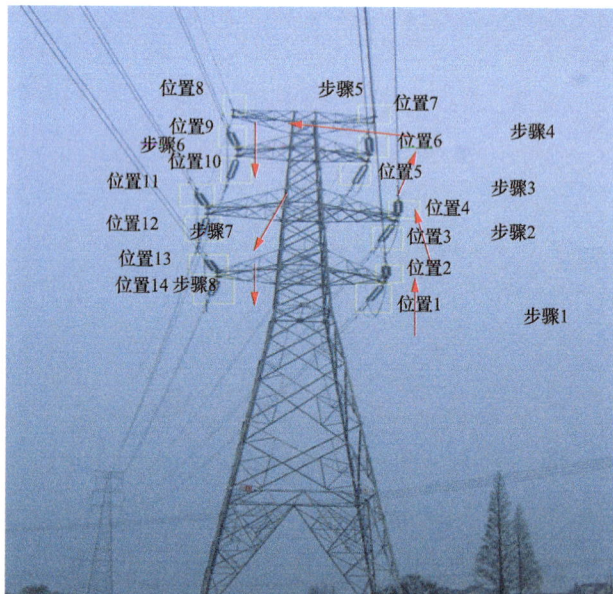

图 3-8　双回路耐张塔塔身本体拍摄位置
位置1～位置6、位置9～位置14—绝缘子串及金具；位置7、位置8—地线

6. 直线三回路塔巡检作业标准

塔身本体拍摄位置如图 3-9 所示，拍摄顺序为：位置 1→位置 11。

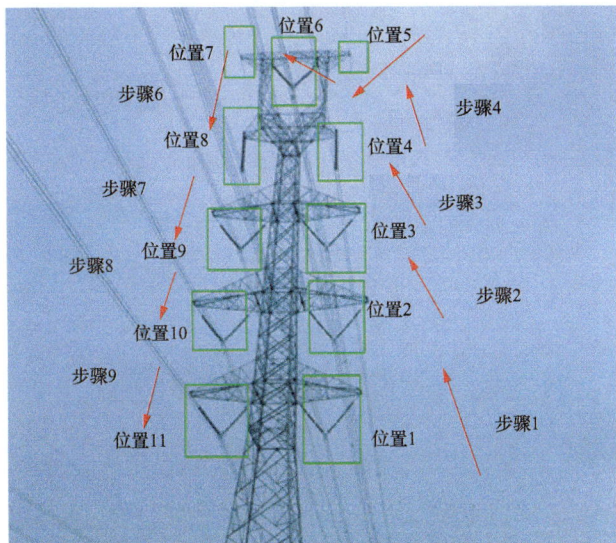

图 3-9　直线三回路塔塔身本体拍摄位置

位置 1～位置 4、位置 6、位置 8～位置 11—绝缘子串及金具；位置 5、7—地线

7. 耐张三回路塔巡检作业标准

塔身本体拍摄位置如图 3-10 所示，拍摄顺序为：位置 1→位置 11。

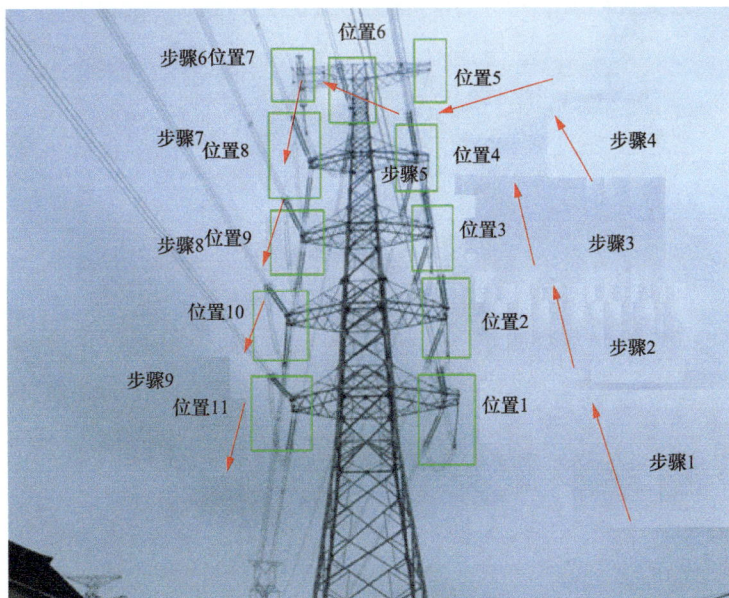

图 3-10　耐张三回路塔塔身本体拍摄位置

位置 1～位置 4、位置 6、位置 8—绝缘子串及金具；位置 5、位置 7—地线

8. 直线四回路塔巡检作业标准

塔身本体拍摄位置如图 3-11 所示，拍摄顺序为：位置 1→位置 8。

图 3-11　直线四回路塔塔身本体拍摄位置

位置 1～位置 3、位置 6～位置 8—绝缘子串及金具；位置 4、位置 5—地线

9. 耐张四回路塔

塔身本体拍摄位置如图 3-12 所示，拍摄顺序为：位置 1→位置 14。

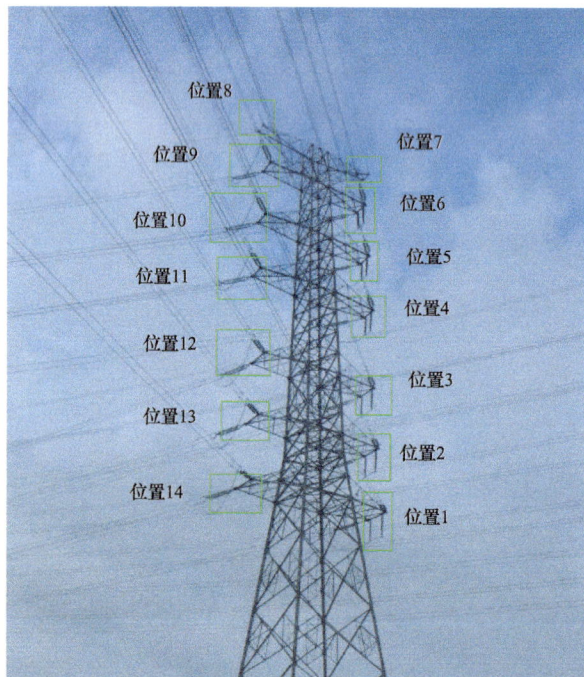

图 3-12　耐张四回路塔塔身本体拍摄位置

位置 1～位置 6、位置 9～位置 14—绝缘子串及金具；位置 7、位置 8—地线

10. 直流直线杆塔

塔身本体拍摄位置如图 3-13 所示。

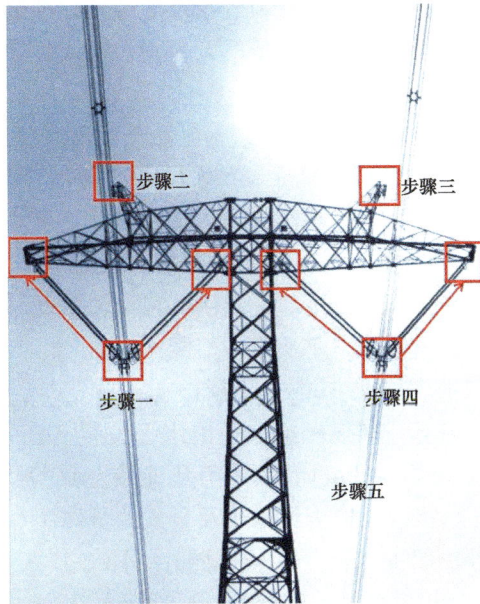

图 3-13　直流直线杆塔塔身本体拍摄位置

位置 1、位置 2—绝缘子串及金具；位置 3、位置 4—地线

11. 直流耐张杆塔

塔身本体拍摄位置如图 3-14 所示。

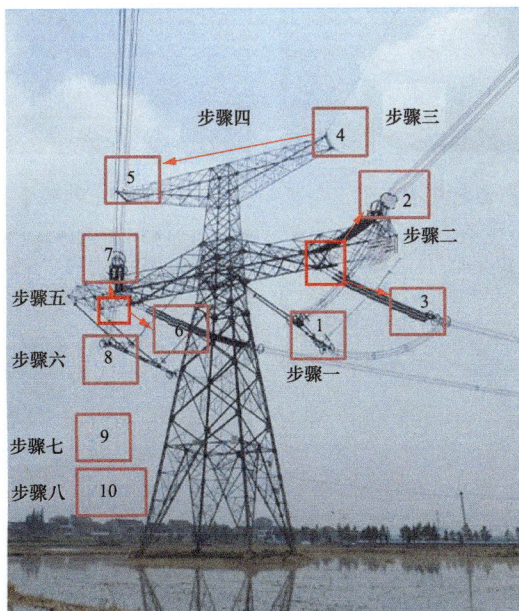

图 3-14　直流耐张杆塔塔身本体拍摄位置

位置 1、位置 2—绝缘子串及金具；位置 3、位置 4—地线

三、典型巡检作业标准校验

以直流直线杆塔塔为式样塔型，以此为模板开展现场标准巡检作业，展示标准化旋翼无人机巡检作业，全面拍摄杆塔、绝缘子串、金具、地线、导线等部件信息。

1. 作业前准备

在巡视工作开展前，巡检作业人员通过输电生产管理系统（PMS）查询杆塔明细表，得知该杆塔高度为 51m，绝缘子串高 45m（杆塔呼高）。现场勘测发现作业地点平原地形，地面为农业田地。线路大号侧杆塔为耐张杆塔，小号侧为直线杆塔。巡视当日气象条件为多云天气，风力 3 级，气温 20℃，适宜开展巡检作业。无人机起飞前检查状况良好，各电气连接部位和机械连接部位连接可靠，通信良好，无人机机处于适航状态。本次作业要求为：可见光拍摄作业及红外拍摄作业。

2. 绝缘子串连接部位拍摄作业 （作业步骤一）

旋翼无人机起飞后缓慢上升至上相绝缘子串水平位置（杆塔呼高）。此时，无人机距离杆塔水平距离约 8m。对两边相的绝缘子串及连接金具等进行拍摄。先拍摄整体，再调整焦距，拍摄局部。逐相依次拍摄绝缘子及金具的具体照片。通过采用连拍模式拍摄多张照片择优选取，图 3-15 是绝缘子串整体照片，图 3-16～图 3-18 是绝缘子串连接部位照片。

图 3-15　绝缘子串整体照片

图 3-16　绝缘子串连接部位 1

图 3-17　绝缘子串连接部位 2

图 3-18　绝缘子串连接部位 3

3. 架空地线金具拍摄作业 （作业步骤二）

旋翼无人机缓慢上升至塔顶（与线路方向呈 45°左右），略高于地线，地面站显示悬停高度为 57m，对两侧地线及金具（杆塔侧部分）进行拍摄。如图 3-19 是拍摄的地线图。

（a）　　　　　　　　　　　（b）

图 3-19　拍摄的地线图

（a）地线 1；（b）地线 2

作业步骤三、作业步骤四为镜像重复作业步骤一、作业步骤二，在这里不做赘述。

4. 完整通道检测 （作业步骤五）

旋翼无人机改变飞行高度直至任务观测平台可观测到完整通道情况。对大、小号侧通道进行拍摄，如图 3-20 所示。并注意周围有无危险点施工迹象，如图 3-21 所示。最后完成拍摄，降落。

（a）　　　　　　　　　　　（b）

图 3-20　大、小号侧通道

（a）通道照片 1；（b）通道照片 2

经实际验证，各项巡检作业标准能全面完成巡检对象杆塔绝缘子串、金具、地线、导线等部件信息的采集。

四、红外测温作业

操作旋翼无人机降落至指定区域，更换红外吊舱，并更换红外吊舱进行红外作业。本次红外作业任务为对左相进行最高温度检

图 3-21　危险点照片

测。红外作业在作业过程大抵与可见光作业相似，要注意的是，部分红外吊舱不具备可见光、红外的双取景作业，由于其监视器只能看见红外图像，必须特别关注和杆塔之间的安全距离，以防出现安全事故。其红外测温作业照片如图 3-22 所示。

图 3-22　红外测温作业照片

　　根据返回的作业照片所示温度数据，可看出左相最高温度为 23.86℃。结合环境气温 20℃，高出气温 3.86℃，属于 DL/T 741—2010《架空输电线路运行规程》中所允许的温差范围，不构成缺陷。

　　以上，就是结合实例对架空输电线路旋翼无人机巡检作业标准的实际运用，希望广大读者在作业中可以以此为准，坚持输电线路标准化作业，从而避免错检、漏检现象的发生，也避免各类因操作标准规范引发的安全事件。

第三节　旋翼无人机典型应用案例

　　旋翼无人机可用于输电线路日常精细化巡检作业、输电线路故障跳闸巡检、线路设备验收、地线锈蚀和老旧设备等专项隐患排查、保供电期间线路特巡、水塘中等特殊区域杆塔巡检以及应急抢修中引线展放等应用工作。利用旋翼无人机开展巡线作业包括日常巡检、故障巡检、设备巡检、隐患排查、保供电特巡、特殊区域巡检、引线展放等应用类型。

一、日常巡检

　　旋翼无人机可以发现导线、地线、金具和绝缘子等瓶口以上人工难以发现的细小缺陷，能有效弥补人工地面巡视不足。电压等级、杆塔高度越高，旋翼无人机精细化巡检越有实际意义。因此在浙江地区超、特高压"六线合一"通道线路重点开展旋翼无人机巡检，该通道线路之间最短距离 30m，难以实施有人直升机巡线作业，应用旋翼无人机弥补了有人直升机巡检遗留下来的"真空地带"。

旋翼无人机协同人工开展"六线合一"通道内杆塔精细化巡检，如图 3-23 所示。旋翼无人机主要巡查地线、导线、绝缘子串、间隔棒和防振锤等处于塔头高度的故障，人工巡检主要巡查塔头以下的各类故障。对于旋翼无人机和人工都能看到的故障，采用视角互补的形式进行双重巡查，即以导线、金具、绝缘子等为观察对象，旋翼无人机居高临下采用俯视角巡查，人工使用望远镜进行仰视观察。视角互补的巡查方式能有效发现单一角度所观察不到的故障、隐患。

图 3-23 旋翼无人机在"六线合一"
通道内巡检

旋翼无人机作为人工巡检作业的补充方式，不仅大大地提高了输电线路隐蔽性缺陷的发现率，而且巡视效率还得到了显著提高，2015 年"六线合一"通道中巡检发现缺陷（均为瓶口以上缺陷）统计见表 3-5。

表 3-5　　　　　　　　"六线合一"通道旋翼无人机巡检发现缺陷统计

序号	线路名称	巡视杆塔数	发现缺陷数
1	±500kV 葛南线	5	1
2	±500kV 林枫线	5	0
3	±500kV 宜华线	12	1
4	±800kV 锦苏线	39	2
5	±800kV 复奉线	41	2
6	1000kV 安塘Ⅰ线	25	2
7	1000kV 安塘Ⅱ线	25	0
	合计	152	8

旋翼无人机在"六线合一"通道中发现的部分瓶口以上细小缺陷如图 3-24 和图 3-25 所示。

图 3-24 绝缘子上均压环倾斜

图 3-25 小号侧导线均压环调整版
连接螺栓缺销子

二、故障巡检

输电线路发生故障跳闸时，由于杆塔高，故障闪络范围小，现场故障巡视时人工在地面和登杆检查，受角度和视线所限难以查找故障点，应用旋翼无人机开展故障跳闸巡视，重点检查线路通道状况，导地线有无闪络痕迹、断股等现象，检查绝缘子损伤情况，金具损伤情况等，可较为有效查找故障点，减少人员登杆工作安排，提高故障巡视安全性。

浙江地区一条 110kV 线路故障跳闸，根据故障测距信息初步判定在 45 号和 46 号区段内，故障巡视时发现 46 号塔下地面有条烧死的蛇（初步确定 46 号塔为故障塔，因蛇引起线路跳闸），但人员没有发现闪络点，随后应用旋翼无人机对 46 号塔进行近距离拍摄，发现 46 号塔 A 相绝缘子横担侧第一片上表面和导线上表面有明显的闪络现象，迅速确定了故障位置和具体闪络情况，如图 3-26 和图 3-27 所示。

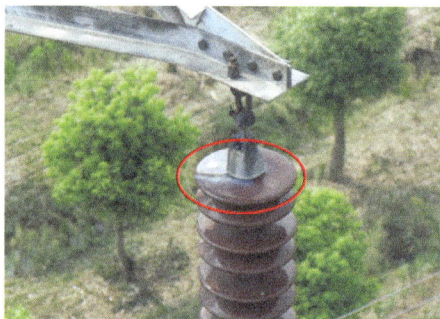

图 3-26　46 号塔 A 相绝缘子
闪络现场拍摄照片

图 3-27　46 号塔 A 相导线闪络现场拍摄照片

三、设备验收

在新设备验收及复验阶段，利用旋翼无人机替代人工登塔对特高压线路或者高电压等级线路高塔的所有缺陷进行采集，降低人工登杆劳动强度。应用旋翼无人机参与 1 项 1000kV 新投线路及 2 项 500kV 线路改造工程复验工作。

（1）应用旋翼无人机在线路验收中对导地线、间隔棒、均压环、绝缘子等进行近距离拍摄，采集照片均能清晰的判别开口销是否缺失、导线是否松股等缺陷，如图 3-28 所示。

（2）应用旋翼无人机对初验收阶段人工走线发现的缺陷进行复验，效果比较明显，减轻了人工复验的工作强度，提高了工作的

图 3-28　1000kV 新投线路 229 号上相
小号侧均压环偏差过大

效率。例如：在初验收阶段人工走线发现 1000kV 新投线路 229 号（下相 228 号往 229 号第一个和第二个 5 号子导线间隔棒上有孔洞）缺陷，该杆塔位于海拔 300m 左右的山上，若在复验收阶段继续采用人工走线进行检查，费时费力，应用旋翼无人机在山脚下起飞对初验收阶段发现的缺陷进行复验，就可判断缺陷是否消除，如图 3-29 和图 3-30 所示。

图 3-29　1000kV 新投线路人工验
收发现的缺陷

图 3-30　1000kV 新投线路无人机复
验收时拍摄的照片

四、隐患排查

输电线路长期运行于野外，随着环境不断恶劣和运行年限增加，线路运维压力不断增大，为更好的掌控线路设备的运行状态，了解线路金具、地线的锈蚀和部件缺失的情况，应用旋翼无人机开展输电线路隐患排查，主要对老旧线路的导地线、绝缘子和金具进行近距离的拍摄部件锈蚀、损坏、缺失情况，掌控设备运行情况，如图 3-31 所示，为设备的状态检修提供了决策资料。

应用旋翼无人机开展老旧线路隐患专项巡检，对梳理统计出的投运年限超过 10 年以上的 110kV 及以上线路进行巡检，地线、导线和金具等设备进行采集，采集的图像资料用于判断地线和金具的锈蚀情况，辅助设备状态评估决策，为大修技改项目立项提供依据。

冬春两季是鸟害故障的多发期，由于鸟类的自然界栖息环境变得恶劣，导致输电线路杆塔上落鸟的概率增加，再加之冬季雨水

图 3-31　投运年限超过 10 年以上的
110kV 及以上线路地线排查

少，落在绝缘子表面的鸟粪不易被清洗掉，从而加大了鸟粪污闪的概率。冬春季节交替之际，开展鸟害多发区重要线路鸟粪情况专项排查，根据排查情况制定防鸟措施，为季节性防鸟工作提供依据，如图 3-32 所示。

图 3-32   应用无人机检查鸟害多发区线路绝缘子积鸟粪情况

五、保供电特巡

目前因各类重大活动、重要节日、电网运行方式改变、恶劣天气影响等保供电工作日益增多，输电线路作为电网保供电工作的重要环节，要求在保供电期间保电线路始终处于可控、能控、在控状态，因此应用旋翼无人机对保供电线路进行保电前全面巡检、保电期间特巡，确保保电线路健康运行。小型旋翼无人机巡检与人工巡视紧密配合，先后完成了复奉线（即向家坝-上海±800kV 特高压直流输电线路）满功率负荷运行、上海亚信会（亚洲相互协作与信任措施会议的简称）保供电、世界互联网大会等多项重大活动的保供电工作，运行情况如图 3-33 和图 3-34 所示。

图 3-33   检查保电线路管母跳线运行情况

图 3-34   检查保电线路绝缘子和金具运行情况

六、特殊区域巡检

浙江地区河流较多，部分杆塔处于水塘、湖中，巡视人员不易到位，距离远无法发现隐蔽性的缺陷，应用旋翼无人机近距离巡检设备情况，以及在汛期、洪水季节检查杆塔基础情况，如图3-35所示，解决了人工无法巡视到位、效率低的问题。

七、引线展放

在电网应急抢修、灾后重建时，很多地段人工难以行走通过，要恢复导线的连通，需用旋翼无人机进行引线展放。

图 3-35　旋翼无人机巡检水塘内杆塔

对110kV线路共3基杆塔、2档进行无人机展放牵引线应用，两档（共500m）线路初导绳展放时间为13min，展放后返回悬停飞行13min，累计飞行26min，如图3-36所示。通过后续悬停时间，理论放线距离应不小于1000m。

图 3-36　旋翼无人机展放引线

第四章

固定翼无人机巡检技术

固定翼无人机的主要优点为飞行高度高、速度快、续航时间长、易实现自主飞行，目前在地理航测上使用较多，而这些特点也基本能满足电力通道巡检的需求。固定翼无人机从动力部分可分为电动和油动两类。电动型固定翼无人机续航时间 1h 左右，巡航速度 70km/h 左右，操作人数较少，维护保养简单。若按同一地点起降的模式，一次能巡检 35km，较适合普通班组开展较近距离的故障巡检。油动型固定翼无人机续航时间为 1～6h，巡航速度为 60～120km/h，起降场地要求较高，操作人数相对较多，维护保养工作量大，机械结构相对复杂，更适合专业班组开展远程及应急巡检。

虽然固定翼无人机已具备了相对成熟的技术水平，但是，其应用于电力线路巡检才是刚刚起步。针对电力用户对线路巡检的特殊要求，固定翼无人机从技术上也必须做出相应的调整。

第一节　固定翼无人机的技术特点

固定翼无人机是目前比较主流的无人机，设计、生产比较成熟，国内设计制造的固定翼飞控系统的也很多。其飞行过程非常安全，是自稳定的飞行平台，在测绘行业应用广泛。固定翼无人机在机体设计上与小型无人直升机小型无人直升机完全不同，外形上基本接近传统的有人飞机。

一、固定翼无人机的结构

固定翼无人机和其他无人机系统一样，由无人机分系统、任务载荷分系统、综合保障分系统组成。它与其他无人机的不同之处主要在于机体结构，如图 4-1 所示，固定翼无人机的机体结构通常包括机翼、机身、尾翼、起落架、动力装置和飞控系统。

（1）机翼。它是飞机产生升力的部件，机翼后缘有可操纵的活动面，靠外侧的叫副翼，用于控制飞机的滚转运动，靠内侧的则是襟翼，用于增加起飞着陆阶段的升力。机身内部通常安装油箱或电池，机身和机翼下面则可供挂载副油箱和其他附加设备。有些无人机的起落架也被安装在机翼下方。

机翼的上半部较下半部突起，以机翼侧面剖面来看这让机翼上半部气流的流动路线比下半部长，因此机翼上半部气流流动速度较下半部快、气压较小，飞机在跑道上冲刺到一定速度后气压压力差就产生足够升力让飞机起飞。

图 4-1　固定翼无人机机体结构

（2）机身。主要功能是装载设备、燃料等，也是飞机其他结构部件的安装基础，通过机身将尾翼、机翼及发动机等连接成一个整体。

（3）尾翼。用来平衡、稳定和操纵飞机飞行姿态的部件，通常包括垂直尾翼（垂尾）和水平尾翼（平尾）两部分。垂直尾翼由固定的垂直安定面和安装在其后部的方向舵组成，水平尾翼由固定的水平安定面和安装在其后部的升降舵组成，一些型号的飞机升降舵由全动式水平尾翼代替。方向舵用于控制飞机的航向运动，升降舵用于控制飞机的俯仰运动。

（4）起落架。用来支撑飞机停放、滑行、起飞和着陆滑跑的部件，由支柱、缓冲器、刹车装置、机轮和收放机构组成。陆上飞机的起落装置一般由减振支柱和机轮组成，此外还有专供水上飞机起降的带有浮筒装置的起落架和雪地起飞用的滑橇式起落架。

（5）动力装置。民用无人机的动力装置的核心是发动机或电动机，主要功能是用来产生拉力或推力克服与空气相对运动时产生的阻力使飞机前进。次要功能则是为无人机机载设备提供电力。

现代飞机的动力装置一般为涡轮发动机（喷气发动机）和活塞发动机两种。目前在民用无人机上应用较广泛的配置方式有：航空活塞式发动机加螺旋桨推进器和电动机加螺旋桨推进器。

（6）飞控系统。自动化电子控制系统是应用于当代无人机的最普遍的控制方法。无人机与有人飞机驾驶舱内的飞机操纵装置完全不同，有人飞机的驾驶杆或驾驶盘和方向舵脚蹬、襟翼手柄、配平按钮、减速板手柄等，已由传统的机械式操纵系统被飞控单元所控制的电传操纵系统所取代，计算机系统已全面介入飞行操纵系统。飞控系统通过对无人机的实际状态、飞行路径、姿态、高度、空速等，进行检测，电反馈并与期望状态相比较，差信号或误差信号经放大后用于设定控制翼面的适当位置，从而产生一个力来让飞行器返回到期望的位置，使误差信号逼近于零。

当前，民用固定翼无人机已可携带多种任务设备，包括可见光摄像头、红外线镜头、倾斜成像系统、激光扫描设备、合成孔径雷达等。用户可以根据实际需求进行选择。

二、固定翼无人机的优缺点

目前，在架空输电线路巡检应用最为广泛的是小型旋翼无人机，固定翼无人机的优缺点是相对于旋翼无人机而言的。可以从以下几个方面进行比较：

（1）操控方面。固定翼无人机操作较为复杂，需要相对开阔的飞行场地，自驾仪控制器的设计和调节比较相对难度较高。固定翼无人机起飞后不能悬停，直接进入高速自主飞行，飞行的稳定性完全取决于自驾仪的调校。

（2）可靠性方面。小型旋翼无人机若仅考虑机械的可靠性，因其没有活动部件，它的可靠性基本上取决于无刷电机的可靠性，故可靠性较高。然而，固定翼无人机有活动的机械连接部件，飞行过程中会产生磨损，导致可靠性下降，而且固定翼无人机飞行速度快，较难控制飞行范围，安全性较低。从降落方式看，不管固定翼无人机采用伞降、撞网还是滑跑降落都比较危险，降落的失事率比较高。其中撞网和伞降都相当于"轻度坠机"，对机体寿命有不可逆的负面影响。但是固定翼无人机在失速情况下，却较小型旋翼无人机有着较高的安全性。通常失速指的是飞机和空气的相对速度过小，机翼的升力不足以克服飞机重量。在空中，固定翼无人机失速时，飞行状态就不好控制了，无人机的高度会急剧下降，但是相对气流速度又会增大，一旦大于失速速度，飞机又可以控制了。所以固定翼无人机即使在燃料耗尽的情况下，仍可以滑翔迫降。

（3）续航性能方面。固定翼无人机的表现明显优于小型旋翼无人机，其能量转换效率较高，具有良好的承载性能。电动型固定翼无人机续航时间均在 1h 以上，而油动型固定翼无人机续航时间为 1～6h，巡航速度也能达到 60～120km/h，单架次飞行即可快速到达需巡视区段进行航拍。因此在航空测绘领域固定翼无人机一直是空中测绘的利器。

从上述分析看，固定翼无人机起降限制多、控制复杂、不能悬停，并且巡航条件下速度过快、飞行高度较高，似乎在民用领域用处不大。而固定翼无人机的长续航优势非常突出，可以一次性对大面积区域进行测绘，效率较高。可以按照航线规划对某一区域进行快速精确航拍，并且可以利用软件进行拼接。

三、固定翼无人机电力巡检探索

固定翼无人机的长续航特点也与输电线路的特点相契合。应用固定翼无人机来进行输电线路巡线是否可行？还需要哪些改进措施呢？测绘应用中常见的等高平飞模式来飞带状航线是否适合所有地形下的电力巡线呢？下面通过某电力公司的一组测试图片来回答问题。

由于固定翼无人机在电力行业外主要是用于测绘领域，一般是在某一区域上方采用蛇形航线，对该区域进行测绘，如图 4-2 所示。这个作业特点就导致了固定翼无人机数传、图传距离较近，一般作业半径在 15km 左右，整个作业过程基本在操作人员的监控下进行。但是电力线路的特点呈长距离带状分布，一条普通 500kV 输电线路的长度就超过了30km，而特高压输电线路都超过了100km，这就需要固定翼无人机改用全新的带状航线进行飞行。

图4-2 飞行航线的变化

2013年12月，该电力公司应用某油动固定翼无人机对500kV线路进行飞行巡检效果测试。测试当天天气：晴，轻度雾霾；地面风速：北风3m/s；飞行环境：山区；飞行方式：350m等高平飞；巡检记录方式：定距拍照模式。

该型固定翼无人机采用滑跑弹射起飞，切入航线后，巡航速度保持120km/h，当距离起飞点5km时，数传链路断开，无人机进入盲飞状态。返航时采用伞降。本次测试总航程101km，航时55min，拍摄照片1360幅。

由于本次测试采用等高平飞方式，无人机始终在海拔340～350m高度拍摄。而该500kV线路大部分处于平原地区，如图4-3所示，只能看到模糊的杆塔与导地线；山区低海拔地区如图4-4所示，由于距离较远，也只能看到杆塔，无法识别导线、地线；当无人机飞越海拔较高的地方，由于距离杆塔相对高度只有100m左右，效果如图4-5和图4-6所示，能够较为清晰的辨识杆塔、导地线。

图4-3 相对杆塔上方300m飞行拍摄效果　　　图4-4 相对杆塔上方200m飞行拍摄效果

通过这组测试照片，可以清楚地发现固定翼无人机采用等高平飞时，平原地区与山区效果差异巨大。在平原地区无法看清杆塔与导线，而山顶部分则比较清楚。因此，可以得到一个结论就是无人机采用平飞的拍摄方式并不适用于输电线路巡查。同时也表明了飞行高度将直接影响到画面清晰度。

图 4-5   相对杆塔上方 100m 飞行拍摄效果

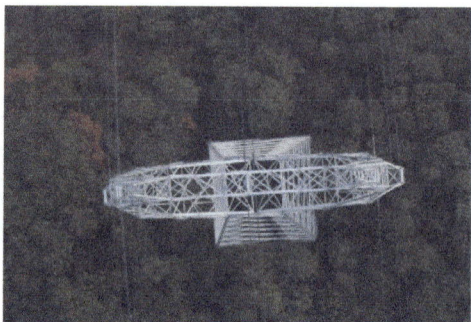

图 4-6   相对杆塔上方 100m 飞行拍摄放大图

那山区需要怎么样的飞行方式才能适用于输电线路巡捡呢？答案就是让固定翼无人机沿地形的起伏进行飞行，使无人机始终与拍摄目标保持 100～150m 的相对高度。这就对无人机提出了机动性能的要求。如何从山谷快速爬升到山顶，成为固定翼无人机用于电力巡线的又一难题。目前，固定翼无人机的爬升角度一般为 20°～30°，当山区输电线路落差过大时，为安全起见，可以将谷底航点坐标适当抬高，使无人机能够避免撞山、撞塔等危险。

通过以上这些测试，确认固定翼无人机完全可以承担输电线路的通道巡查工作，能有效分辨线路倒塔、断线、绝缘子掉串、泥石流等明显故障。同时也存在以下问题：

（1）目前多数民用固定翼无人机都采用滑跑起降方式，对起降点要求较高，需要提前勘察场地。

（2）线路杆塔坐标的准确性直接关乎无人机的飞行安全，需要前期精确测量。

（3）在飞行过程中，由于山区气流紊乱，需要无人机提高稳定性。

（4）固定翼无人机飞行控制受通信链路的制约，现有通信系统在无障碍条件下，最大控制半径在 30km 以内，如在山区巡线则会大打折扣。在山区只有采取全自主飞行模式，在复杂地理环境、恶劣天气状况下安全飞行还存在不确定性。

第二节   固定翼无人机山地飞行改进

近年来，随着我国经济建设的高速发展，输电线路长度的也在不断增加。而我国国土幅员辽阔，地形、地貌差异巨大，高原、平原、山谷、丘陵、沼泽、沙漠各种地形决定了对固定翼无人机的技术要求也会各不相同。

从目前固定翼无人机的应用情况看，在所有的环境因素中，地形成了制约无人机使用的一个最关键因素。多数无人机都能达到在一定高度精确平飞的性能要求，这是由于现有固定翼无人机在设计之初都是从地理信息测绘方面需求进行考虑。但是输电线路往往随着地势进行起伏，平原（高原）地区和山区地形下对固定翼无人机的要求完全不同。一般来说，在平原地区使用固定翼无人机最为便捷，而在山区地形，现有的固定翼无人机就必须进行相应的技术改进。

一、起降方式技术改进

首先，针对平原地区，由于前面已经介绍过固定翼无人机是比较适合在平原地区应用的，那么还有什么技术难题呢？平原地区普遍都是人口密集、经济发达地区，密布着城市、村镇、工厂以及公路。传统的固定翼无人机，尤其是中大型无人机基本都采用滑跑起降的方式，滑跑起飞主要依靠无人机自身的加速度，所以往往需要笔直、平整且具有一定长度的跑道才能完成。一般可以认为起飞距离是翼载荷和升力系数的函数。为了获得良好的起飞性能，通常都会降低翼载荷和提升动力，这样不可避免的牺牲了无人机远程巡航能力。虽然采取这些措施可以有效缩短跑道长度，但是这样的跑道条件还是经济发达地区所不具备的。近年来，不少小型固定翼无人机采用弹射加伞降方式、手抛加伞降方式、手抛加擦地方式进行起降，通过弹射和手抛方式使无人机获得足够起飞加速度，令无人机对场地要求大大降低，在一定程度上解决了这个技术难题。

由表 4-1 可以看出一般手抛无人机重量较小，而国内一般满足作业半径超过 15km 无人机质量都超过 5kg，所以弹射起飞方式是电力固定翼无人机的第一选择。虽然增加了弹射器携带，但是相比寻找合适的跑道要容易得多。国内目前已经开发出可折叠弹射器，长度不超过 1m，可由单人携带，也有通过牛皮筋弹射的简易方式，有效减轻了人员作业负重。并且与手抛相比，不必担心抛手人力疲劳问题，可快速重复作业。

表 4-1　　　　　　　　　　　部分无人机起飞方式的对比

无人机类型	发射质量（kg）	跑道/轨道长度（m）	起飞方式
Black Hornet	0.275	—	手抛
Mosquito	0.5	—	手抛
Eagle	2.7	—	手抛/弹射
FE-300	5	3	弹射器
Watcher	36	7	弹射器
XH-G	15	60	滑跑

同样，在山区环境下作业，固定翼无人机的起降就更为困难了。虽然山区远离了人口密集区，但是由于地形环境复杂、交通运输不便、山区乱流等影响，适合固定翼无人机的起降场地就更为难找了。中、大型固定翼无人机所需要的跑道在山区肯定是找不到了，而采用弹射方式起飞的中、小型固定翼无人机在逆风弹射后还需要一定的空间进行爬升。常见的爬升方式有两种，一种是直线爬升，即无人机在弹射后沿着弹射方向进行爬升，这就需要在弹射方向的正前方不能有影响无人机爬升的遮挡物；另一种方式是盘旋爬升，无人机在弹射后，依据按预设的最小盘旋半径进行盘旋爬升，这种方式下，沿无人机弹射方向仅仅需要几百米的无遮挡空间，但是要求在盘旋半径内的地形不能有遮挡，通常固定翼无人机盘旋半径在 80~300m。这两种爬升方式在山区均很难找到合适的起飞场地，一般只有在山顶起飞，较为安全，特别要避免在山谷弹射起飞，如图 4-7 和图 4-8 所示。

图 4-7　滑跑起降的固定翼无人机

图 4-8　弹射起飞的固定翼无人机

图 4-9　采用伞降方式的
固定翼无人机

目前，国内固定翼无人机主要降落方式有两种：伞降方式和滑降方式，如图 4-9 为伞降回收。采用滑跑降落时通常是在无法取得着陆辅助设备的临时跑道进行，这就要求无人机操控员必须依靠观察无人机手动进行操控降落，一定程度上增加了无人机坠毁危险。虽然无人机控制系统可以依靠 GPS 定位实现自主飞行，但还不具备成熟的固定翼无人机自主降落功能。相比之下，伞降方式可以大大降低无人机降落时可能面临风险。但伞降方式需要在机身上额外安装缓冲装置、降落伞和开伞装置，也会增加了操作的复杂性。此外，还有部分小型固定翼无人机（一般为手抛式）也尝试采用机腹着陆，但是在耐用性及安全性上还缺乏足够的可靠性。综上所述，虽然伞降方式会增加无人机的额外负载，并且落点较难控制，但是伞降仍是当前较为可行的技术手段。

在山区寻找适合固定翼无人机起降的开阔地，随之而来的另一个问题，就是无人机的运输。为了保证无人机在运输过程中不受到损伤，无人机一般都带有厚重的三防运输箱，重量从几十斤到上百斤不等，这就要求无人机作业人员在寻找起降场地时还必须考虑交通因素。

随着固定翼无人机山区应用限制的日益突出，国内已有多个厂家对此问题进行攻关。目前，主流的解决方案有两种，一种方案是在固定翼无人机上叠加旋翼，使其可垂直起降，如图 4-10 所示；另一方案是采用倾转旋翼方式，达到垂直起降的目的，如图 4-11 所示。

图 4-10　可垂直起降的固定翼无人机

图 4-11　倾转旋翼设计的固定翼无人机

从现有技术条件来看，方案一实现起来较为简便，但是固定翼无人机起飞和降落需要耗费较多的电能，剩余电量并不足以让固定翼无人机在巡航过程中悬停。而方案二在倾转旋翼改变方向时较难保证无人机的飞行稳定性。此两种机型如能成功，将有效改进固定翼无人机在山区地形下的应用。

二、飞行稳定性技术改进

电力巡线与普通的测绘对气象环境的要求是不同的，测绘作业时要求天气晴好、无风或微风下作业，而电力巡线很多时候作业时的气象条件会恶劣的多。如有台风（热带低压气旋）过境，常伴有狂风暴雨，对于架空线路威胁很大，为了实现对台风过境后输电线路快速检修，必须考虑无人机具有一定抗风稳定性。所以在固定翼无人机的飞行稳定性上主要考虑操控稳定性和抗风稳定性两方面。对于应用于电力巡线的固定翼无人机来说，一方面是增大飞机重量，另一方面时增大翼载荷。通常设计为了增加无人机的航程都会尽量减轻重量，所以一般会选择增大翼载荷。在具有相同飞行质量情况下，机翼面积越小则翼载荷越大，所以常规翼型相对于飞翼式结构具有更大的优势。

下面，再考虑飞行稳定性，尾翼可对飞行稳定性有较大提升。尾翼可分为两种：水平尾翼和垂直尾翼。水平尾翼由固定的水平安定面和可偏转的升降舵组成。无人机的水平安定面就能够使飞机在俯仰方向上（即飞机抬头或低头）具有静稳定性。水平安定面是水平尾翼中的固定翼面部分。当无人机水平飞行时，水平安定面不会对飞机产生额外的力矩；而当无人机受到扰动抬头时，此时作用在水平安定面上的气动力就会产生一个使无人机低头的力矩，使无人机恢复到水平飞行姿态；同样，如果无人机低头，则水平安定面产生的力矩就会使无人机抬头，直至恢复水平飞行为止。

垂直尾翼也是同样原理，可分为垂直安定面和左右舵，使无人机具有垂直面的静稳定性。对于无水平尾翼无人机可以通过机翼向后延展取得类似效果。但是垂尾来讲，飞翼无人机可以通过翼尖小翼一定程度上解决问题，但是不能完全取代，还需通过飞行控制系统进行调节。从机翼纵向稳定性方面来看，传统翼型中，飞机重心总是位于机翼升力中心的前面，这一点使得机翼提供的升力会打破机身的平衡，飞机很容易造成机头向下俯冲的趋势，需要垂尾平衡这种趋势，而飞翼设计整个机翼延长至无人机尾部，飞机重心移动到升力中心后，不需要额外控制翼面来避免机头俯冲问题，但是飞翼式布局无人机纵向静不稳定性提高，单靠人力难以在飞行时保持纵向平衡，然而借助现代高精度飞控，可有效解决此问题，图 4-12 所示是几种典型的无人机气动布局形式。

典型飞翼式布局机身短，迎角分离焦点前移影响明显，小迎角（8°开始）升力曲线已进入非线性区，造成飞行控制系统纵向稳定和控制的困难，但可以翼尖小翼增加纵向阻尼，改善俯仰操纵特性和大迎角特性，减小由于升力非线性曲线造成的控制困难问题。所以飞翼式布局飞机虽然具有很大优点，但是直到有现代控制理论支持，才得到普及应用。常规布局加小翼虽然会增加无人机稳定性，但是由于翼尖小翼会提供一个稳定力矩，对无人机的滚转产生阻力矩，也影响无人机操控性能。

（a）

（b）

（c）

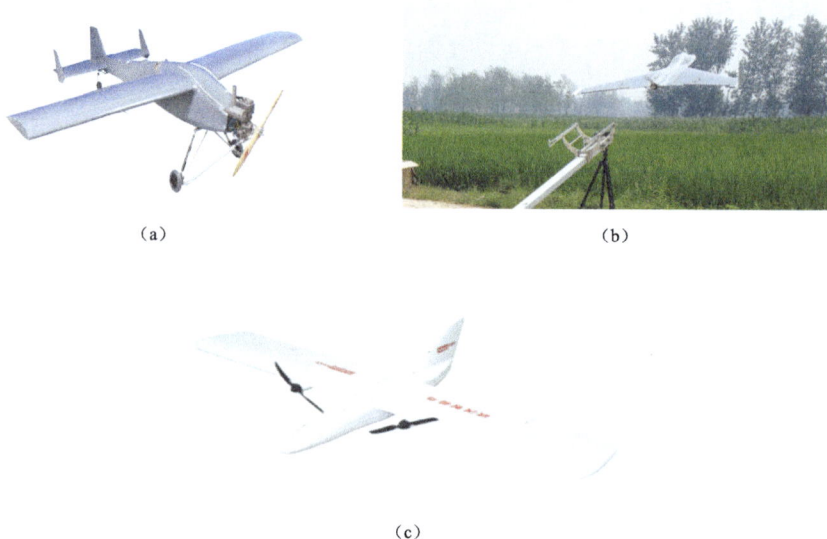

图 4-12　几种典型的无人机气动布局形式

（a）常规翼型＋水平尾翼＋垂直尾翼；（b）飞翼＋翼尖小翼；（c）常规翼型＋垂直尾翼

三、通信传输距离的改进

固定翼无人机在长距离的自主飞行过程中，为了让无人机的飞行状态变得安全、可控，就必须提升图传与数传的距离。当发现危及人员、设备或无人机安全的情况，可以及时对无人机发出指令，确保安全。目前，国家电网公司对用于电力巡线的固定翼无人机在通信链路上提出了较高的传输要求。要求固定翼无人机在通视条件下，图传距离不小于 10km，数传距离不小于 20km。目前，民用固定翼无人机生产厂家通过改善无人机天线布局、采用数字传输、加高传输天线等方式，已基本能够达到此要求。但当固定翼无人机在山区飞行时，该距离还会大大缩短。现有技术要解决固定翼无人机全程监控问题，只有通过增设地面或空中中继的方式来增加传输距离。

当然，要让普通的固定翼无人机进一步适用于电力电缆巡线，除了要做好上述几点外，其地面站也需要进行一些改进，如增加航点快速导入，自动生成带状航线、航线高度校验等功能，以更适应电力巡检的需求。

第三节　固定翼无人机电力巡检要求及应用案例

固定翼无人机主要适用于开展输电线路通道巡查、灾情普查及施工检查等方面。通过一系列的飞行测试和验证，其飞行稳定性和可靠性、续航时间、巡检视频和图像质量等目前可满足线路通道巡检需要，日常工作中应用最多的是输电线路通道巡查，其次还有灾情普查、施工进度监察等应用。

一、输电线路通道巡查

1. 巡查机型的选择

日常巡检首先需要依据巡查线路状况选择适用的固定翼无人机。一般来说，如线路所需巡检区段较长，且全线处于山区，沿途缺乏合适的起降场地，那么应该选择续航能力较强的油动型固定翼无人机来执行巡查任务。如该线路所需巡查区段较短，那么选择电动型固定翼无人机就能执行任务。在日常巡查工作中，对于距离较长的线路巡查，只要沿途能找到合适的起降场地，还是采用电动型固定翼无人机进行分段巡查更为安全。

以当前民用固定翼无人机的飞行性能来看，固定翼无人机的日常巡查一般可按照表 4-2 的方式进行机型选择。

表 4-2　　　　　　　　　固定翼无人机日常巡查的选型

输电线路长度（km）	固定翼无人机机型	巡检方式
≤30	电动型固定翼无人机	单架次往返飞行进行巡检
30～60	电动型固定翼无人机	在线路中间点起飞，往线路大、小号侧各飞行一个架次的方式进行巡检
≥60	电动型固定翼无人机	分段飞行的方式进行巡检
	油动型固定翼无人机	全线路飞行的方式进行巡检

2. 巡查机型的起降方式及航线的选择

受固定翼无人机降落方式的限制，固定翼无人机暂不推荐采用异地起降方式，通常应在同一地点进行起降操作。由于固定翼无人机进行日常巡查作业前具备充足的准备时间，因此，必须进行现场踏勘。目前，电力巡线使用的固定翼无人机受到数传、图传的距离限制，只能采用全程自主飞行的方式。保证飞行安全的主要措施除了无人机本身带有的安全策略外，主要还是依靠合理的航线规划。要规划出一条安全的航线，这就需要作业人员提前对输电线路沿线进行现场踏勘，主要是依据无人机起降方式的不同，选择合适的起降场地。在选择起降场地时，应尽量远离人口密集区、村庄和交通要道等，避免因为群众围观导致不必要的安全隐患。在选择起降场地时，还应注意该场地的季节风向，尽量不要选择顺风起飞的场地。对于杆塔沿线的山峰及高层建筑物尤其要加以关注，有条件的应进行测高和定位，并在航线规划时进行避让，如图 4-13 所示。

图 4-13　典型起降点

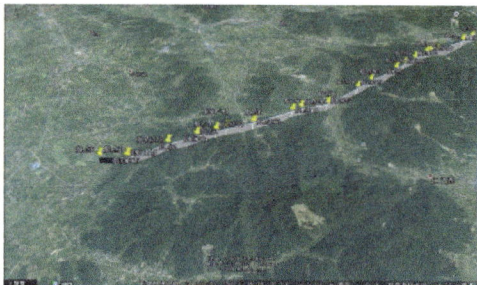

图 4-14　通过第三方软件进行航线校核

固定翼无人机航线应避免设置在杆塔及导线的正上方，防止因为无人机故障而直接撞上杆塔和导线，所以在规划航线时应向一侧平移 15～30m，以确保安全。航线规划除了依靠细致、全面的现场勘查外，还可以借助其他软件平台（为保障电网信息安全性，均采用离线方式）对航线的安全性进行检查、校核，如图 4-14 所示。

二、灾情普查

固定翼无人机在电网中的另一大应用是灾情普查。在 2008 年汶川地震时，民政部采取地面工作组与低空无人机航拍相结合方法，对北川县城南部 11 万 km^2 受灾区域和周围地区进行遥感测绘，提供 1500 多幅高清图片，为救灾指挥部提供了第一手资料。

2013 年，某地遭遇超强台风袭击，多条线路发生倒塔断线事件。如何应用无人机普查跳闸线路倒塔断线灾情，为全面准备抢修物资和科学安排电网调度快速提供事实依据成了迫切需求。由于该 110kV 线路大部分杆塔位于山区，线路全长 41.85km，共有 114 基杆塔，平均海拔 410m。由于台风破坏造成了道路交通阻塞，普通车辆和小型旋翼无人机很难进入灾区，同样人工巡查方式无法满足信息的及时性。

随后，该电力公司首次应用固定翼无人机对在此次台风中发生倒塔的 110kV 某故障线路开展灾情普查。第一架次，固定翼无人机按照线路上方 220m 相对高度设置航线，飞行线路从测试线路附近场地起飞后按设定轨迹切入 50 号杆塔，然后沿线路坐标保持相对高度进行带状地形航飞，到达 115 号杆塔后原路返回。往返航程为 56km，航时为 60min，全程定距离拍摄图片，总计 1070 幅，图像清晰度不足，杆塔与导线显示模糊，如图 4-15 所示。

鉴于拍摄高度过高造成的图像模糊，决定将第二架次的飞行相对高度从 200m 降低为 100m，将航线高度按相对线路上方 100m 设置。飞行线路从测试线路附近场地起飞后按设定轨迹切入 1 号杆塔，然后沿线路坐标保持相对高度进行带状地形航飞，到达 41 号杆塔后原路返回。往返航程为 35km，航时为 40min，全程定距离拍摄图片，总计 990 幅，图像清晰度明显提高，杆塔与导线显示清晰，如图 4-16 所示。

图 4-15　相对杆塔上方 220m 飞行拍摄效果情况
（线路倒塔情况）

图 4-16　相对杆塔上方 100m 飞行拍摄效果
（线路倒塔情况）

通过这两个架次的固定翼无人机灾后巡查，该电力公司第一时间就掌握了灾情信息，精确的故障杆塔坐标、清晰的故障照片，以及空中俯瞰的上山小道，都为后续制定抢修方案提供了有力的信息支撑。

通过上述两个案例，可以明确固定翼无人机在灾情普查中的作用。因此，当灾情预警信息发布后，应立即启动无人机应急相应机制，以最快速度到达受灾线路所在点附近，使用固定翼无人机快速对受灾线路及通道开展巡查，及时获取第一手受灾线路图像信息。确保灾害天气发生时能快速有效获得输电线路受灾情况，为后续抢修救灾工作提供信息支持。当然，为了应对突发灾情，无人机作业人员同样也应具备快速反应能力，并做好以下准备工作。

1. 资料准备

无人机专业班组人员与各属地运维人员应提前完成所在区域 220kV 及以上易发灾害区域线路现场普查、航巡规划建档和固定翼无人机试飞验证工作。由于固定翼无人机是采用全自主飞行模式，因此线路坐标信息的准确性会直接影响到无人机空中巡检的安全性。应逐条验证所有线路坐标信息的准确性，对于个别错误坐标信息进行核查并修正。最终对这些通过验证的线路进行归档整理，可在灾害发生时随时调取线路参数进行航线设置。

在完成线路坐标信息审核归档后，无人机专业班组应从中抽取多条线路进行试飞验证，再次确认线路坐标的正确性和无人机飞行的安全性。随后，赴各易受灾线路周边进行现场踏勘，寻找合适的无人机起降的主（备）起降点，为建立灾情快速响应机制做好资料准备。

无人机专业班组还依据具体机型特点，编制固定翼无人机应急作业卡，保证在应急巡检操作时，仍能按照标准化流程作业，有效避免误操作的发生。

2. 人员准备

当预警信息发布后，无人机专业班组人员始终保证 2 人处于值班待命状态，且应急值班人员应具备熟练的固定翼无人机操作技能。

3. 设备及车辆准备

用于应急的固定翼无人机应做好维护保养，处于完好待飞状态；至少有一组电池处于满电状态（油机应准备好充足的油料）；无人机专用运输车辆车况应保证良好。

4. 模拟演练

无人机应急人员应随时做好线路灾情普查准备，一旦收到灾情预警信息后，时刻保持待命状态。通过开展不定期的无脚本应急演练，检验、提高无人机专业班组应急反应能力。

三、施工进度监察

和输电线路常规巡视类似，固定翼无人机还可用于施工进度监察。传统的输电线路基建施工进度检查采用人工方式，需要检查人员到达现场进行检查，不仅人员易疲劳，而且检查效率较低。现在有了固定翼无人机这种快速巡查工具，可以在基建工地上方，通过拍摄的方式，可以直观地反映施工进度，在天气晴好时，其分辨率甚至可用于督查施工人员是否正确使用安全工器具，快速、高效就是固定翼无人机用于电力线路的巨大优势。

四、输电线路设计

通过无人机的测绘拼图，实现地形勘察，建立三维模型，大大简化了输电线路设计时的路径选择。如果采用测绘方式对输电线路进行测绘、拼接，形成输电线路全信道正摄影像，对于输电线路的数字化图档管理也是极为有效的，如图 4-17 所示。当然，固定翼无人机还有很多其他应用探索，有待各位读者去研究、尝试。

图 4-17　输电通道拼接效果（局部）

五、现场应用案例

1. 对输电线路通道开展防山火普查

每年清明节是传统的祭祖和扫墓的节日，而电力系统主网线路大多都处在森林植被密集的山区，加上天气干燥，清明、春节期间极易发生山火事件。清明期间的防山火也成了各公司线路运维工作的重中之重。

2014 年 4 月，正值清明祭扫活动的高峰，某公司无人机专业班组应用固定翼无人机对易发生山火的重要区域及输电线路通道开展清明防山火普查。由于该地区在清明祭扫活动中有燃放烟花爆竹的风俗，极易引发山火。与此同时，该区域又集中了多条输电通道，输电运检人员防山火工作极为不便，因此无人机班组选取了平均海拔 350m 的陵园较集中的，500kV 某区段线路开展防山火特巡作业，作业当天天气晴，地面风速为东风 3.2m/s。

在选定了作业线路后，无人机作业班组人员提前一天到达预定作业区域，通过现场查看该线路附近的地形，选择好无人机起降场地，并完成航线规划修正。为了能够获取线路通道两侧更多的信息，本次飞行采用 650m 水平等高平飞，采用定距拍照模式。清明当天 08：00，无人机作业人员就到达作业地点，在完成飞前检查后，进入待飞状态，等待起飞指令。当 11：00 时，祭扫高峰一过，无人机立即起飞，开展防山火普查作业。

通过分析该架次巡检所采集的巡检图片，能够清晰反应线路通道两侧信息，在该线路通道两侧并未发现明显火源点，如图 4-18 所示，圆满完成了巡查任务。

图 4-18　防山火特巡杆塔线路通道两侧巡视照片

2. 输电线路全通道日常巡检

2014 年 5 月，某公司应用固定翼无人机对所在辖区内一条 220kV 线路开展全通道日常巡检。无人机作业人员对该线路提前进行了全线勘察，在规划航线时避开了部分城镇密集区。该线路全长 27km，线路高低落差超过 200m，为了更好地对输电通道进行巡查，无人机专业班组采用了按地形起伏飞行方式。依据当天的天气和杆塔高度，将无人机航线设置为杆塔上方 150m。作业环境及要求为：

（1）作业当天天气：晴；

（2）地面风速：东南风 2m/s；

（3）飞行环境：山区，平均海拔 150m；

（4）飞行方式：相对杆塔上方高度 150m，依据地形起伏飞行；

（5）巡检记录方式：定距拍照模式。

此次固定翼无人机巡查所采集的照片能够清晰的显示该输电线路通道情况，对于重要交跨及人员密集区情况较卫星图片更为清晰、直观。通过人工识别后，发现该线路 98 号和 99 号杆塔间线路正下方存在吊机作业危险点，如图 4-19 和图 4-20 所示。通过此次防外破事件的发现，也证明了固定翼无人机线路通道日常巡检也可以作为防外力破坏监测手段之一。

图 4-19　220kV 某线路正下方存在吊机作业情况

图 4-20　照片放大后的吊机作业情况

3. 夏季抗台演练

2014年7月，某公司为应对夏季可能到来的强台风，要求所属无人机专业班组做好抗台应急准备。为检验应急准备是否完善，决定开展防汛抗台的无脚本应急演练，如图4-21所示。本次演练以某地遭受台风正面袭击为背景，要求无人机专业班组快速查明受灾区域的电网受损情况。无人机班组接到应急任务后，立即携带无人机设备登车赶赴模拟受灾地点。在行车途中，无人机作业人员根据本次演练目的是针对受灾区域的普查，而非特定的输电线路情况，决定采用测绘上使用的蛇形航线进行巡查。首先应用固定翼无人机进行蛇形航线对受灾区域进行无死角普查，然后应用小型旋翼无人机对重点受灾目标进行细致巡查。这也是根据两种机型的不同特点，各取所长制定的普查策略。

依据公司提供的受灾区域范围，在地面站上规划了"无死角"蛇形航线。飞行采用测绘上常用的水平等高飞行，飞行高度300m，保证所摄照片横向、纵向都有重叠，没有遗漏区域，如图4-22所示。到达现场2h后，无人机作业人员汇报通过固定翼无人机的网格化巡查，未在该地区发现电网受灾情况。本次演练达到了预定目标，演练成功。

图4-21　应急人员紧急展开固定翼无人机　　图4-22　固定翼无人机"蛇形"网格化飞行航线图

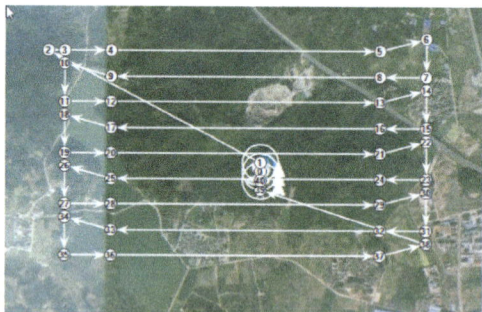

4. 冬季线路覆冰雪普查

2014年2月，根据覆冰监测信息提示，高海拔山区某500kV线路56号、64号杆塔在线监测拉力值明显增大，发出告警信息。该区段平均海拔高度700m以上，因雨雪冰冻天气，上山道路已阻塞，而监控中心急需进一步判断覆冰程度，以作为实施线路融冰的决策依据。无人机专业班组接到任务后，根据任务性质，确定本次覆冰巡检采用电动型固定翼无人机（采用皮筋弹射起飞，降落伞降落，对起降场地要求简单，特别适用于山区环境使用）。

由于该班组在入冬以前已对辖区内所有易覆冰线路开展了线路普查工作。并完成了相关线路坐标信息审核归档，现场踏勘，确定无人机起降的主（备）起降点。同时，抽取线路进行了现场试飞验证。最终制作完成电网易覆冰线路无人机航线示意图。将所有经验证的线路坐标及主（备）起降点坐标存入无人机地面站，确保可以随时调用。

无人机班组在查询起降点后，立即前往覆冰区段所在地区。上午11：00，无人机作业班组到达该线路覆冰杆塔区段附近。按照固定翼无人机作业规程规范和作业指导书要求，开始各项准备工作。在进行起飞前各项调试的同时，作业人员从该线路的航巡规划档案中调取更新本次航线规划，本次规划从起降点起飞后切入 65 号杆塔，沿小号方向飞行至 55 号杆塔后返航，到达起降点后降落回收，无人机飞行高度设在相对杆塔上方 100m。经过约 30min 的起飞前准备，经确认无误进行起飞，实际飞行一个架次，航程为 16.7km，巡查 11 基杆塔，航时为 18min，全程采用照片拍摄模式。采集回来的巡检图片，能够清晰判断出杆塔无覆冰雪、轻微覆冰雪和较严重覆冰雪，如图 4-23 所示。实现了对高海拔山区输电线路覆冰的快速侦查，也为雨雪冰冻天气，道路阻塞条件下，输电线路故障的快速查找积累了经验。

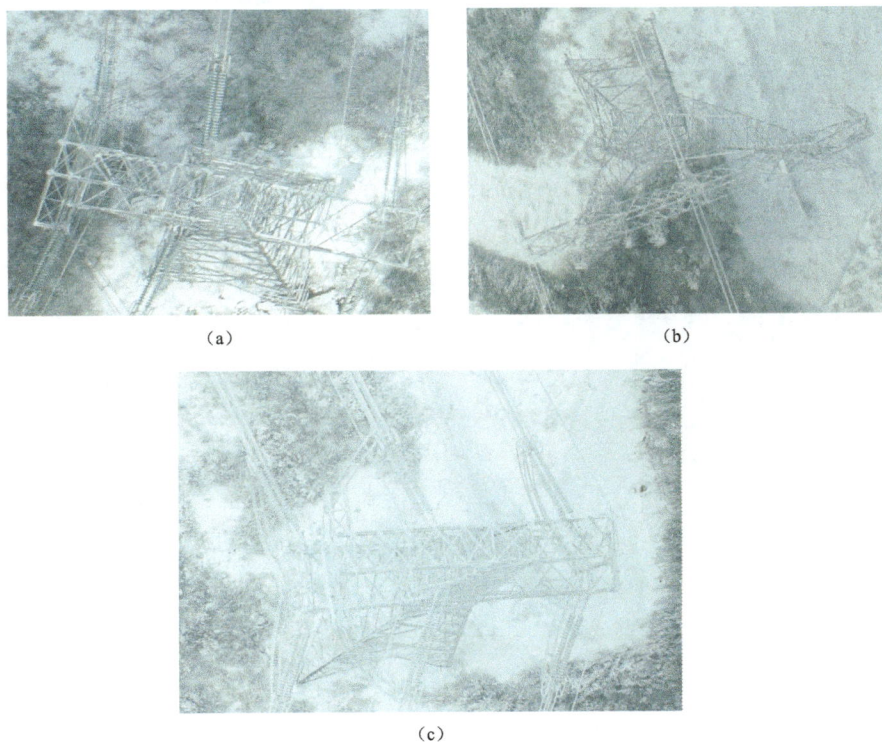

（a）　　　　　　　　　　　　（b）

（c）

图 4-23　杆塔上方 100m 巡检采集的图片
（a）55 号杆塔无覆冰；（b）56 号杆塔轻微覆冰；（c）64 号杆塔严重覆冰情况

2015 年 1 月，该地区另一条 500kV 线路 64 号~73 号杆塔再次出现在线监测拉力值明显增大情况。有了前次覆冰巡查的经验，此次覆冰巡检仍采用电动型固定翼无人机，从起降点起飞后切入 64 号杆塔，沿大号方向飞行至 73 号杆塔后返航，到达起降点后降落回收。为了获得更为清晰的影像资料，无人机巡检飞行高度降低到相对杆塔上方 80m。本架次往返总航程为 11.5km，巡视 10 基杆塔，总航时为 13min，全程采用照片拍摄模式。通过拍摄回来的图片，能够清晰地分辨出 64 号~73 号杆塔均有不同程度的覆冰，且 69 号、70 号杆塔与导线的覆冰最严重。无论从应急反应时间，还是巡检效果较前次都有明显提升，如图 4-24 所示。

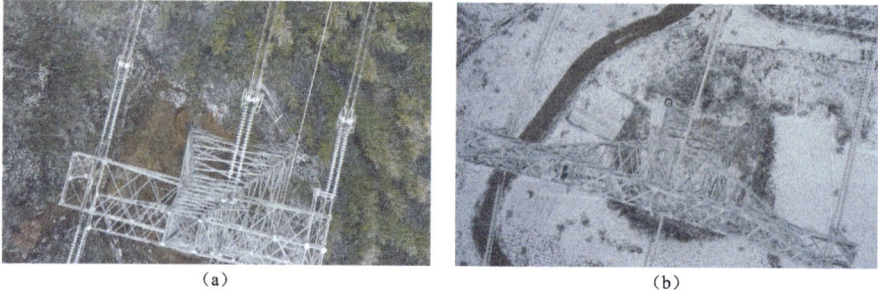

图 4-24　杆塔上方 80m 巡检采集的图片

(a) 67 号杆塔轻微覆冰；(b) 69 号杆塔较严重覆冰

5. 基建巡查

2015 年 1 月，某公司应用固定翼无人机对正处于基础施工阶段的特高压线路进行施工基建巡查，如图 4-25 所示。依据施工单位提供的报告，截至 1 月 12 日，总计完成基础开挖 90 基，完成率为 40.3%，基础浇制 77 基，完成率为 34.5%。无人机作业人员考虑到该线路尚在基础浇筑阶段，现场勘察过施工区段，决定采用依据地形起伏的飞行方式，并且将飞行高度降低到相对地面 70m 的高度。全程按照预设航线进行照片拍摄。同时为了让基建管理人员实时看到施工情况，在固定翼无人机上搭载了 GOPRO 微型运动摄像机，并配以高清图传系统。实时回传的高清画面让工作人员清晰地看到每座塔基的施工情况和周围环境，为后续的施工安全和线路巡视奠定基础。随着实时固定翼无人机实时图传系统的日渐成熟，将会为更多的电力巡查提供便利。

图 4-25　某特高压线路基建现场

第五章

架空输电线路无人机巡检技术保障

开展架空输电线路无人机巡检作业处要有可靠的无人机飞行平台外，还需有相应的作业保障条件、检测技术、维保技术及特情处置预案等技术作为保障。

作业保障条件是指巡检作业前准备、现场巡检作业流程、现场作业实施、作业后管理等相关规定。

一、作业前准备

充分的准备是开展无人机巡线作业的前提，架空输电线路无人机巡检作业前准备包括人员配备、计划制定、管理措施等内容。

1. 巡线作业人员配备

输电线路无人机班组，作为输电线路无人机巡视的最基本单位，同时也是巡检作业的实施者和安全的基础掌控者，班组的组织架构是十分严谨同时又必须适应电力无人机巡检的作业需要的。基本上来说，一个完整的无人机班组应有班长、副班长、技术员（安全员）、操作人员和维修养护人员。这其中部分职责可以允许有所交叉，如技术员也可作为操作人员。且对人员岗位资质、掌握的业务知识、工作能力有具体的要求，见表5-1。

表 5-1　　　　　　　　　无人机班组的组成及各岗位要求

组成	岗位职责	岗位任职资格	业务知识及工作能力要求
班长	承担无人机巡线作业的组织、协调、现场指挥工作	学历与职称：具有大学专科、电力专业中技及以上学历，高级工及以上职业技能资格。工作经验：3 年及以上电力行业班组工作经验	（1）熟悉国家和电力行业相关政策、法律、法规和企业的输变电设备相关管理标准，具有国家和电力行业要求的无人机操作专业资格证书。（2）掌握电力生产、电力企业管理业务有关的专业技术理论知识。（3）掌握无人机设备相关的操作规程、安全规章和标准化作业指导书。具有一定的文字与语言表达能力、计算机操作能力、组织与沟通协调能力、能组织完成无人机对输电设备的飞行巡视作业，能组织完成对无人机的检测、保养及简单维修工作

组成	岗位职责	岗位任职资格	业务知识及工作能力要求
副班长	协助班长完成无人机巡线作业的开展，及现场指挥	学历与职称：具有大学专科、电力专业中技及以上学历，高级工及以上职业技能资格。 工作经验：3年及以上电力行业班组工作经验	（1）熟悉国家和电力行业相关政策、法律、法规和企业的变电设备相关管理标准，具有国家和电力行业要求的无人机操作专业资格证书。 （2）掌握电力生产、电力企业管理业务有关的专业技术理论知识。 （3）熟悉本班无人机设备的性能及基本参数，掌握与所无人机巡检相关的技术细则和标准化作业指导书。 具有一定的文字与语言表达能力、计算机操作能力、组织与沟通协调能力、工作创新能力、领导能力、较强的执行力和学习能力，能组织完成无人机对输电设备的飞行巡视作业，能组织完成对无人机的检测、保养及简单维修工作
技术员（安全员）	负责巡线作业的具体实施、技术保障，以及飞行现场的安全监视	具有大学专科、电力专业中技及以上学历，高级工及以上职业技能资格。经岗前培训，并由相关管理部门考核合格	（1）应熟悉国家和电力行业相关政策、法律、法规，掌握电力生产、电力企业管理业务有关的专业技术理论知识，具有国家和电力行业要求的无人机操作专业资格证书。 （2）通过输电专业业务考试，安规考试，熟悉并掌握电力安全作业规程，熟悉所辖无人机设备性能及基本参数，掌握所辖输电设备及无人机设备的原理、结构、检修规程、运行规程和检修工艺导则
操作员	负责现场无人机的操控及安全，实时掌控无人机的状态	具有电力专业中技（高中）及以上学历，初级工及以上职业技能资格。应取得相关操作机型的AOPA证及厂家颁发的证书。经岗前培训，并由相关管理部门考核合格	（1）经岗前培训，并由相关管理部门考核合格。应熟悉国家和电力行业相关政策、法律、法规，掌握电力生产、电力企业管理业务有关的专业技术理论知识，具有国家和电力行业要求的无人机操作专业资格证书。 （2）通过输电专业业务考试，安规考试，熟悉并掌握电力安全作业规程，熟悉所辖无人机设备性能及基本参数，掌握所辖输电设备及无人机设备的原理、结构、检修规程、运行规程和检修工艺导则。 （3）应取得相关操作机型的AOPA证，厂家颁发的操作证及电力企业颁发的巡检作业证
维修员	负责无人机的维修保障工作	具有电力专业中技（高中）及以上学历，初级工及以上职业技能资格。经岗前培训，并由相关管理部门考核合格。应至少取得厂家颁发的操作证	（1）应熟悉国家和电力行业相关政策、法律、法规，掌握电力生产、电力企业管理业务有关的专业技术理论知识，具有国家和电力行业要求的无人机维护（操作）专业资格证书。 （2）通过输电专业业务考试，安规考试，熟悉并掌握电力安全作业规程，熟悉所辖无人机设备性能及基本参数，掌握所辖输电设备及无人机设备的原理、结构、检修规程、运行规程和检修工艺导则

2. 无人机巡检计划的制定

详细的计划能够确保无人机巡线作业的顺利实施。无人机巡检计划实质根据无人机需要完成的任务、无人机的数量及携带任务载荷的类型，对无人机制定飞行方式、飞行路线等任务详细内容并进行任务分配，其作业流程，如图5-1所示。

巡检计划的主要目标是依据地理信息和执行任务的环境条件信息，综合考虑无人机的性能、到达时间、耗能、威胁以及飞行区域等约束条件，为无规划出一条或多条自出发点到目标点的最优或次优航迹，保证无人机高效、圆满地完成飞行任务，并安全返回。

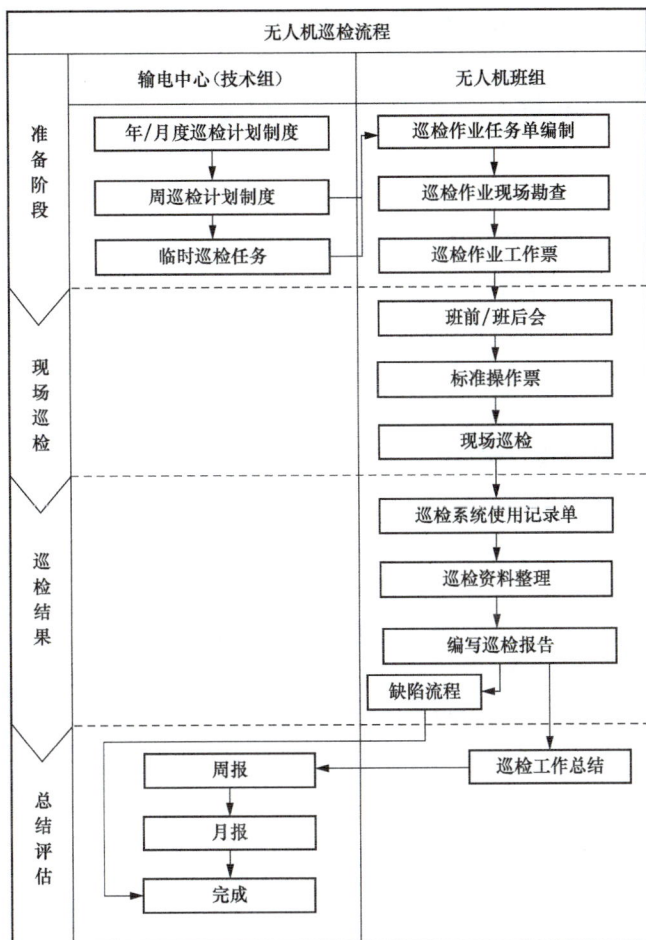

图 5-1　无人机巡检流程图

巡检计划包括年度计划、月度计划、周计划和临时任务，计划由输电中心（技术组）编制并纳入月、周安全生产计划，下达无人机班组执行，结合输电日常工作增加和调整，使巡检内容丰富化、多样化，计划内容主要包括例行巡检、电网特殊运行方式的保供电特巡、设备验收和隐患排查等。

无人机班组根据巡检计划在生产管理系统（PMS）中签发巡检任务单、开展作业现场勘察、编制巡检作业工作票和标准操作票、开展班前/班后会活动、前往现场按照标准操作票进行巡检、完成巡检后填写巡检系统使用记录单、进行巡检资料整理、编写巡检报告并开始流转缺陷流程。

由于无人驾驶，无人机对于巡检计划制定的要求更为严格，需要更为详细的飞行航迹信息、作用目标和任务执行信息。无人机巡检计划在很大程度上决定了无人机执行任务的效率。无人机巡检计划需要实现以下功能：

（1）充分考虑到无人机、人工巡检、载人直升机之间的协同作业配合，充分考虑无人机与各方资源之间的配合，以最短时间和最小代价完成巡检任务。

（2）在无人机避开限制风险区域以及动力源消耗最小的原则上，制定无人机的起降点、作业角度、作业方式、返航路线及应急飞行等过程的飞行轨迹。

（3）能够实现无人机仿真演示功能，从而方便无人机控制人员选取最佳巡检方式和巡检路线。

3. 管理措施

合理的管理措施能够确保无人机巡线作业的顺利开展。

（1）现场勘查。在巡检作业的前一天到一周内应进行现场勘查。根据巡检作业信息，到作业地点进行勘查，了解现场的实际地形情况及杆塔巡检条件，确定巡检作业，填写勘查记录，绘制现场简图。现场勘查的作业流程为：

1）核实杆塔双重命名及编号。

2）观察杆塔附近道路，禁飞区，居民聚集区等飞行情况。

3）确定起降点。

4）对当地的气候环境做适当的了解，包括降雨量、湿度、气温、最大风力等。

5）杆塔本体情况，观察杆塔架线情况，避免干扰。

6）认真填写勘查记录，并由勘查负责人确定并签字留档。

7）勘查结束。

（2）空域申报。申报飞行空域原则上与其他空域水平间隔小于 20km，垂直间隔不小于 2km。一般需要在 7 日前提交申请并提交下列文件：

1）国籍标志和登记标志。

2）驾驶员相应资质证书。

3）飞行器性能数据和三视图。

4）可靠地通信保障方案。

5）特殊情况处置预案。

同时，还应将飞行计划报送相应部门批准，飞行计划申请及相关要求已在第二章介绍，在此不做赘述。

（3）出库检查。

目的：对出库的无人机进行检查，以确保巡检作业无人机符合作业的要求。

职责：库房保管员负责对无人机的数量、规格、型号、备品备件等信息进行检查。

巡检工作负责人负责对无人机硬件设备、机载通信设备、任务设备、地面站设备等进行核对检查，着重检查部件的连接可靠，绝缘屏蔽性能良好，通信信道无障碍，联动装置操作可靠，电池电量充足。如发现设备不符合巡检作业相关要求，巡检无人机不得出库，并填写设备保修单，尽快安全对设备的维修。库房保管员与巡检工作负责人确认无误后完成交接手续，双方在"输电线线路无人机出入库记录单"签字并确认完成出库程序。

（4）航线规划及安全策略。作业人员及巡检设备抵达现场，首先核对线路双重命名及编号以及预先设定好的起降点情况。如线路名称错误或起降点情况发生重大变化，应及时与巡检工作票签发人联系，经工作票签发人同意前不得进行巡检作业。

核实无误后，由工作负责人负责任务规划工作。无人机飞控手、程控手主要负责航线规划的具体编制工作。

航线规划一般分为两步：

1）飞前规划：根据既定任务，结合环境限制与飞行约束条件，从整体上制定最有参考路径。

2）重规划：根据飞行过程中遇到的突发状况（地形、气象变化，位置限飞禁飞等匀速）局部动态调整飞行路径或改变任务作业。

航线规划应具备以下功能：

1）具有标准飞行轨迹生成功能，可生成常用的标准飞行轨迹，并存储至标准飞行数据库中，从而可以根据飞行任务的需要随时调用，以便无人机的及时进入和退出标准飞行轨迹。

2）具有常规飞行航线生成、管理功能，可生成特定区域的巡检常规飞行航线，并且可以储存至航线数据库内，航线在考虑了任务设备特性、任务设备搜索模式、任务设备观察方位、杆塔安全距离及电力设施巡检特殊的需求等多种因素后，从而实现对巡检作业目标的最佳巡检。

因此，在进行航线规划中，无人机相关作业人员应考虑以下约束条件和原则：应充分考虑到禁飞区、障碍物、险恶地形等复杂地理环境的限制，在设置飞行巡检计划时，应充分避开这些区域，并在巡检地图上将这些区域设为禁飞区域，以提升下一次巡检计划的制定效率。同时应考虑巡检区域的气象因素，避免在大风、大雨及其他复杂气象下的巡检作业。与巡检杆塔应保持足够的安全距离。安全距离见表5-2。

表 5-2 巡 检 作 业 安 全 距 离

电压等级（kV）	停电杆塔飞行安全距离（m）	带电杆塔飞行安全距离（m）
110	10	15
220	20	25
500	50	55

对于旋翼机型，在视距内手动操作的巡检任务中，在计划时应注意视觉误差，在有条件的情况下应加派作业观察人员以提醒操控人员注意视觉误差，防止因此造成的碰塔、碰线等事故。

在制定航线规划时还要考虑异常应急措施，即应急航线。其主要目标是确保飞机的安全返航。规划一条安全返航通道和应急迫降点，以及航线转移策略。系统保障与应急预案规划是指综合考虑无人机系统本身的约束条件，巡检目标任务需求和应急情况设定，综合无人机性能和地面站控制状况科学部署应急措施，在无人机发生不良状况时保障巡检作业的安全。

系统保障与应急预案规划的主要目标是：

1）保障巡检作业人员及附近相关人员的人身安全。

2）保障电力设施的设备安全，不影响供电稳定性。

3）保障无人机巡检设备的安全，使设备安全着陆，将危害控制到最小，乃至避免危害的发生。

无人机飞行出现特殊情况时，无人机操控员是进行无人机紧急情况处理的责任主体，发生紧急情况时，应当按照应急处理程序组织无人机归航或回收，尽量避免无人机降落在人口密集区域，注意电力设施的保护，避免人员伤亡和财产损失。若无人机失去控制，应当启动无人机应急程序，采取一切措施保证空域安全。

无人机迫降或坠落后，无人机巡检工作负责人应尽快组织地面回收工作，帮助查明事故原因。

二、现场巡检作业流程

规范的无人机现场巡检作业流程是确保作业安全，有效完成任务的重要保证。架空输电线路无人机巡检作业现场作业包括核查工作现场、工作许可、现场交底、现场条件测量、现场布置、航前检查、航线规划、航后检查、工作总结等。

1. 核查工作现场

核查工作现场是指为准确、安全完成巡检作业，对作业对象电线路杆塔名称、塔号的核对，飞行现场地形情况的进一步勘查工作。

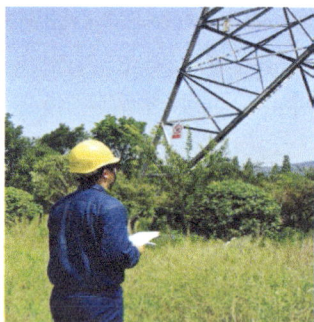

图 5-2　核对杆塔号作业图

（1）电线路杆塔双重命名及杆塔号核对。工作前需对输电线路杆塔双重命名及杆塔号进行核对，从而确保作业杆塔的准确性，特别是对正常运行，处于带电状态的线路，如图 5-2 所示。

（2）对现场地形情况进行复核。无人机起降场地要求如下：

1）小型旋翼无人机的起降应在不小于 3m×3m 左右大小平整的地面；与线路本体需保持不小于 5m 的安全距离。

2）中型旋翼无人机的起降应在不小于 5m×5m 左右大小平整的地面；与线路本体需保持不小于 30m 的安全距离。

3）固定翼无人机的起降点必须相对空旷、平坦（15m×15m）的区域，没有高大的建筑物、树木，选定的盘旋区域与杆塔及导地线有一定的安全距离（>30m）；与线路本体需保持不小于 100m 的安全距离。

4）起降场地上方无复杂的交跨物，并与目标杆塔之间需能够通视，从而保证图传、数传的通信链路畅通，如图 5-3 所示。

2. 工作许可

工作许可是无人机巡线作业前对工作内容的确认和批准实施。工作许可应按规定的程序办理，并坚持总结汇报制度。

（1）工作负责人向工作许可人履行工作许可手

图 5-3　核查交跨作业图

续。工作负责人应在工作开始前向工作许可人申请办理工作许可手续,在得到工作许可人的许可后,方可开始工作。工作许可人及办理人应分别逐一记录、核对工作时间、作业范围,并确认无误。

(2)办理许可方式。办理工作许可手续方法可采用当面办理、电话办理或派人办理。当面办理和派人办理时,工作许可人和办理人在两份工作票上均应签名。电话办理时,工作许可人及工作负责人应复诵核对无误。

(3)总结汇报。工作负责人应在当天工作前和结束后向工作许可人汇报当天工作情况。

(4)工作计划调整。已办理许可手续但尚未终结的工作,当巡检作业情况发生变化时,工作许可人应及时通知工作负责人视巡检作业变化情况调整工作计划。

3. 现场交底

现场交底是无人机巡线作业前的准备工作,包括人员分工、交底、飞机及人员技术准备等内容。

(1)现场人员分工。巡检作业前,工作负责人应根据作业内容、工作复杂情况及现场情况,合理选择作业人员,做好角色分工。根据不同类型的无人机、不同的作业任务配置适当的人员,一般来说,小型旋翼无人机机组配置 2 名成员,中型旋翼无人机机组配置 4 名成员,固定翼无人机机组配置 3 名成员。各类型无人机飞行巡检作业人员配备应不少于表 5-3 的要求。

表 5-3   不同类型无人机机组人员要求

机型	机组分工	数量	工作内容
小型旋翼 无人机	工作负责人	1名	必要时设置,组织巡检工作开展、地面站数据监控
	操控手	1名	负责旋翼无人机操控,无专职工作负责人时兼任工作负责人
	程控手	1名	任务载荷操作
中型旋翼 无人机	工作负责人	1名	全面组织巡检工作开展
	操控手	1名	负责旋翼无人机人工起降操控、设备准备、检查、撤收
	程控手	1名	程控旋翼无人机飞行、数传信息监测、设备准备、检查、撤收
	任务手	1名	任务载荷操作、现场环境、图传信息监测、设备准备、检查、撤收
固定翼 无人机	工作负责人	1名	负责工作票办理、航线规划、对外联系协调、现场监护等工作
	程控手	1名	负责无人机飞行姿态保持,数传信息监测
	操控手	1名	负责任务载荷操作、现场环境和图传信息监测等工作

(2)交底步骤。工作负责人应召集工作班成员进行"二交一查",即交代工作任务、安全措施和技术措施,进行危险点告知,检查人员状况和工作准备情况。

1)交底工作任务。旋翼无人机的工作类别包括单杆精细化巡检、故障特巡和消缺复验等;固定翼无人机的工作类别包括通道巡检、灾情普查、基建概况巡检等。工作负责人在交底时需明确工作时间、工作地点和工作类别,现场交底作业如图 5-4 所示。

2)交底危险点及控制措施。工作前,工作负责人应检查工作票所列的控制措施(安全措施、技术措施)是否正确完备,所做的控制措施是否符合现场实际条件,旋翼无人机的危险点及控制措施见表 5-4。固定翼无人机危险点及控制措施见表 5-5。

图 5-4　现场交底作业图

表 5-4　　　　　　　　　　旋翼无人机危险点及控制措施

序号	危险点分析	控制措施
1	气象条件限制	(1) 在合适气象条件，风力大于 12m/s 禁止飞行（新手可控的风速在 4m/s 左右）。 (2) 遇雨雪天气，禁止飞行
2	无人机碰线	(1) 线路安全预警，地面站人员进行视频监控，随时提醒操控人员将无人机与带电线路保持足够的安全距离。 (2) 操控人员根据飞行运动趋势，合理切换飞行模式（GPS 或姿态），保证飞行安全
3	第三方安全控制	做好安全防护工作，按要求布置警示围栏，避免无人机坠落导致人员受伤
4	无人机坠落	(1) 严格航前检查，机体各机械部件确认完好，各电池状态正常。起飞前要检查通信设备（对讲机、耳麦等）联络畅通。 (2) GPS 信号良好，现场无电磁干扰，保证 7 颗 GPS 卫星全程飞行。 (3) 操控人员持证上岗。 (4) 选择合适的角度接近杆塔和线路，与地面站监控人员协调飞行状态，合理操控无人机。 (5) 正确安装遥控器天线、检查遥控器电压状态。 (6) 检查无人机遥控接收天线完好。 (7) 禁止修改遥控器内飞行模型参数
5	其他	(1) 无人机操作应由专业人员担任。无人机操纵人员需经过培训和考核合格并经公司主管领导批准。 (2) 飞行操作现场必须设立相关安全警示标志，严禁无关人员参观及逗留。 (3) 现场监护人对操作人员及无人机飞行状态进行认真监护，及时制止并纠正不安全的行为

表 5-5　　　　　　　　　　固定翼无人机危险点及控制措施

序号	危险点分析	控制措施
1	气象条件限制	(1) 在合适气象条件，风速小于 5 级。 (2) 遇雨雪天气，禁止飞行
2	无人机坠落	(1) 航线规划时认真复核地形、交跨、线路两侧的突出建筑物，满足无人机动力爬升要求。 (2) 严格航前检查，机体各机械部件确认完好，各电池状态完好，油动型固定翼无人机的油箱密闭情况良好。 (3) 操控人员持证上岗。 (4) GPS 信号接收良好。 (5) 根据现场风向、风速等情况，及时调整起飞方向、降落伞开点，必要时选择手动开伞降落。 (6) 根据地面站软件实时监测电压状态

序号	危险点分析	控制措施
3	无人机触碰线路本体	（1）严禁在杆塔正上方飞行，应位于被巡线路的侧上方飞行。 （2）飞行高度要求：距杆塔顶面的垂直距离大于100m
4	其他	（1）无人机操作应由专业人员担任。无人机操纵人员需经过培训和考核合格并经公司主管领导批准。 （2）固定翼无人机巡检系统使用弹射起飞方式时，弹射架应有防误触发装置。 （3）弹射器加力后，操作人员不要站立在弹射器前方。 （4）飞行操作现场必须设立相关安全警示标志，严禁无关人员参观及逗留。 （5）现场监护人对操作人员及无人机飞行状态进行认真监护，及时制止并纠正不安全的行为

3）检查人员状况和工作准备情况。全体工作班成员应精神状态良好，无妨碍作业的生理和心理障碍，作业前8h及作业过程中严禁饮用任何酒精类饮品。同时须对无人机设备整体结构及各飞行参数进行详尽的检查，核对巡检当日的气象、地形等巡检地点具体情况是否满足不同机型无人机的巡检技术要求。

在明确工作任务、安全措施、技术措施和危险点后，工作班成员在工作票上签字确定。

4. 现场条件测量

无人机飞行涉及的气象条件包括天气、风速、气温和能见度等，为了确保飞行的安全性，同时保障飞行巡检效果，巡检作业应在良好天气下进行，遇到雷、雨、雪、大雾、5级及以上大风等恶劣天气禁止飞行。在特殊或紧急条件下，若必须在恶劣气候下进行巡检作业时，应针对现场气候和工作条件，进行风险评估并制定相应安全措施，认证可行后方可进行作业。

作业前应使用风速仪检查风速是否超过所使用无人机的限值，一般无人机的限值为5级风，约10.8m/s。固定翼无人机作业前还需测定风向，应逆风放飞，尽量避免侧风放飞，不允许顺风放飞，如图5-5所示，现场最低能见度需大于无人机降落时的预定盘旋半径，能见度大于200m。

图5-5　现场测量风速作业图

使用气温仪对环境气温进行检测时，气温范围不得超过无人机说明书中规定的温度范围，工作温度为一般为−20～＋55℃。

由于无人机图传与数传均使用无线通信，为了避免干扰，在认为有必要时，应使用测频仪检查起降点四周是否存在同频率信号干扰。

5. 现场布置

现场应使用工作围栏划分不同的功能区，功能区包括地面站操作区，无人机起飞降落区，工器具摆放区等，各功能区应有明显区分。起降区域内禁止行人和其他无关人员逗留，特别是在起降过程中，需时刻注意保持与无关人员的安全距离，设置的安全围栏如图 5-6 所示。

将无人机巡检系统从机箱中取出后，首先按照适合飞行，便于操控的要求，确定合适的起降区，其次在确定了起降区后，在起降区附近的合适位置架设地面站，架设地面站时，天线架设应无遮挡，保持通信能够畅通连接。最后现场布置应保持整洁、有序，工器具放置整齐。

6. 航前检查

严格按照无人机使用说明书要求展开并组装无人机，如图 5-7 所示。该步骤可

图 5-6　现场设置安全围栏

与地面站架设同步进行。组装无人机时应确定每一个连接部件连接可靠，转动部件灵活可靠，螺丝无松动现象。安装动力电池前应确定飞机电源开关处于关闭状态，在安装电池过程中，应注意防止电池正负极短路或者反接，并确保接线柱连接可靠，接触良好。

图 5-7　旋翼无人机组装、检查

展开并组装好无人机后，作业成员对机体各分系统进行适航检查，内容包括：

（1）检查无人机飞控系统各部位器件连接是否紧密，电机及其桨叶是否有松动，减振板、减振球、相机与云台连接处螺丝是否有松动，连接线是否缠绕；

（2）检查无人机动力系统的电能储备，锂电池充满状态为单片电压 4.2V，在飞机巡检作业前单片电压应不小于 3.8V，确认满足飞行巡检航程要求常；

（3）中型旋翼无人机加注燃油时，应确保所有机上电器开关处于关闭状态，根据航线规划情况注入足够的油量，加油后应目视检查所有的燃油管路、接头和部件，确保没有漏油迹象，如使用电动油泵加油，油泵应接地。

（4）如果采用预设航线飞行，在起飞前，还需开启地面站系统，由工作负责人调用

航线，再次核对航线制定是否合理。

7. 航线规划

航线规划前应先收集被巡线路资料（包括杆塔明细表、杆塔经纬度坐标、杆塔高度等），并下载线路途经区域地图后，开始绘制巡检飞行航线。

一般情况下，根据杆塔坐标、高程、杆塔高度、飞行巡检时旋翼无人机与设备的安全距离（包括水平距离、垂直距离）及巡检模式（单侧、双侧）在输电线路斜上方绘制航线。

如所绘制的航路上遇有超高物体（建筑物、高山等）阻挡或与超高物体安全距离不足时，绘制航线时应根据实际情况绕开或拔高跳过。同时规划的航线应避开受限区域（包括空中限制区、密集人口居住区等）。

每次飞行巡检作业结束后应及时更新航线信息，建立输电线路飞行巡检航线库，航线存档备份时应备注特殊区段信息（线路施工、工程建设及其他不满足飞行条件的区段）。

不同时期执行相同的巡检任务，可调用历史航线。间隔时间较长的相同的巡检任务（间隔 6 个月以上），必要时应重新核实历史航线中的起降点、特殊区段是否满足飞行条件，如不满足应进行航线修改。

8. 航后检查

巡检工作结束后，为了准备下一次飞行，需要对无人机进行飞行后检查，以确保所有部件的正常，飞行后的检查项目同飞行前的检查项目。设备检查完毕，做好相关记录后，进行设备撤收，定置安放各种工器具和设备。

9. 工作终结

完成设备撤收后，工作负责人通过电话、当面汇报或派人送达向工作许可人汇报工作情况，汇报内容包括某具体线路的杆塔巡检工作已完成、发现缺陷数量、无人机设备状况情况、是否良好或出现故障、设备撤收已经完毕、请求终结工作。

人员撤离前，应清理现场，核对设备和工器具清单，确认现场无遗漏。

三、现场巡检作业实施

现场巡检作业实施包括旋翼无人机飞行巡检和固定翼无人机飞行巡检。由于其作业范围、任务目的不同，实时现场作业的组织实施要求也不一样。

1. 旋翼无人机飞行巡检

旋翼无人机飞行巡检通常用来对杆塔、电线的细节进行检查。由于旋翼无人机（尤其是多旋翼无人机）作业飞行速度慢、距离短、作业范围小通常采用遥控飞行作业模式。

（1）巡检飞行。旋翼无人机启动过程应确保机体周围（小型机：3m，中型机：10m）无人员。操控手确认遥控器所有功能开关关闭、油门杆处于最低位置后，打开遥控器。接通主控电源后，操控手拨动遥控器模式开关检查飞行模式（手动、增稳和 GPS 模式，视无人机型号为准）切换是否正常，检查完成后接通动力电源，盖好机舱盖，如图 5-8 所示。

1）对 GPS 信号进行检测。等待地面站及 GPS 指示灯反馈已搜索到的卫星数量，低于相应机型要求数量（一般为 7 颗）建议暂缓起飞。

图 5-8　检查飞行模式作业图

2）对任务载荷进行检查。操纵云台查看姿态是否正常，图传是否及时反馈，没有水波纹及雪花纹。调整数传/图传天线角度，尽量与地面站之间做到通视，即无人机天线与地面站之间无任何遮挡物。确认机体无异常、遥控界面的上行、下行数据无异常，各分系统自检通过后方可启动旋翼无人机，中型旋翼无人机启动后应在地面进行发动机充分预热。

旋翼无人机起飞可选择全自主起飞或增稳模式起飞。如在增稳模式下起飞，旋翼无人机离地后应低空悬停，观察并等待 GPS 信号接收完成，将操控器模式调至增稳模式后轻推油门杆，观察各电机转速是否正常。操作各个通道，观察无人机响应状况，判断响应过程及旋翼无人机声音是否正常，并由工作负责人决定是否放飞开展巡检作业。

根据附录 G "旋翼无人机巡检飞行前检查工作单"逐项完成检查后逐项打钩。完成飞前检查后，根据飞行状态以合适的飞行模式操控无人机，保持平稳姿态飞至目标杆塔位置，同时避开周围障碍物，如图 5-9 所示。无人机不能长时间在线路设备正上方悬停，并应始终与带电设备保持不小于 5m 的净空距离。

图 5-9　旋翼无人机起飞

作业过程中，作业人员之间应保持呼唱，及时调整飞行状态，确保无人机满足巡检拍摄角度和时间要求。内控、外控应保持通信畅通，注意飞行过程中因飞行角度和飞行距离所造成的视觉误差。飞行过程中应保持作业平台的稳定拍摄，并按相应标准的拍摄步骤进行作业，作业步骤如图 5-10 所示。

旋翼无人机飞行过程中需严格注意不得使旋翼无人机进行任何超过其飞行限制的飞行。旋翼无人机在飞行巡视全过程，程控手应密切关注遥测参数，随时了解飞机在空中的状态，综合评估飞机所处的气象和电磁环境，一旦遇到险情应及时发出规避指令，必要时有权紧急中止飞行巡检任务，现场作业如图 5-11 所示，并同时将飞行过程中的所有异常情况或区域记录到"输电线路旋翼无人机巡检记录单"上。

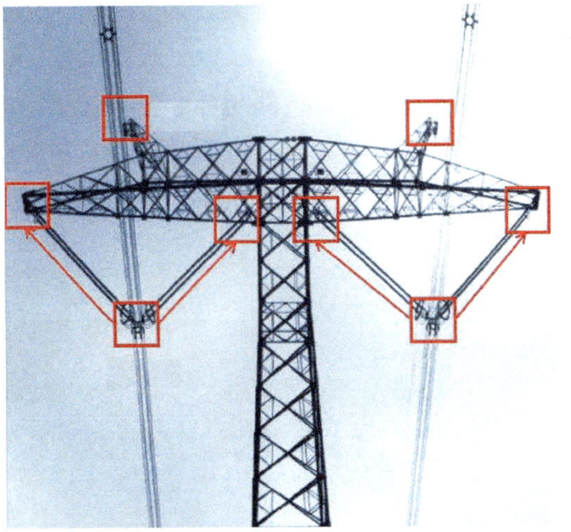

图 5-10　旋翼无人机巡检步骤示例图

图 5-11　旋翼无人机现场巡检作业

在飞行巡视过程中，任务手除了负责杆塔巡检拍照之外，还应负责通过任务载荷随时观察无人机周边的地形环境和障碍物情况，发现障碍物与飞机有靠近或触碰危险时应迅速向程控手汇报及时避让。任务手发现飞机悬停点与杆塔的距离不合理，说明杆塔经纬度采集误差较大，应及时在"输电线路旋翼无人机巡检记录单"上记录偏移量，待飞机返航后及时告知程控手调整下一次的飞行航线。

（2）返航降落。巡检任务结束后旋翼无人机返航，至在降落点上方后悬停并开始缓慢下降，降低旋翼无人机高度至 25m 左右后，再次确认降落地面平整后方可进行落地操作。旋翼无人机降落宜采取增稳模式手动降落，降落时应注意观察下降垂速，确保无人机下降垂速不超过 1.5m/s。

在旋翼无人机桨叶还未完全停止下前，严禁任何人接近旋翼无人机。待旋翼无人机桨叶完全停止后，操控人员断开电源，取出电池，盖好机舱盖并关闭遥控器后，依次关闭地面站工控机电源、主电源，拆下并安放天线，检查无人机结构及电气连接，用干布擦干旋翼无人机及机身的油泥。

2. 固定翼无人机飞行巡检

固定翼无人机通常用于对输电线路整体状况，进行长距离、快速的普查，由于固定翼无人机飞行速度快、作业距离远、作业范围大，因此通常采用自主飞行模式开展巡线作业。

（1）航线规划。巡检人员应详细收集线路坐标、杆塔高度、塔形、通道长度等技术参数，下载、更新巡检区域地图，结合现场勘查所采集的资料，针对巡检内容合理制定飞行计划，确定巡检区域、起降位置及方式，并对飞行作业中需规避的区域进行标注，如图 5-12 所示。

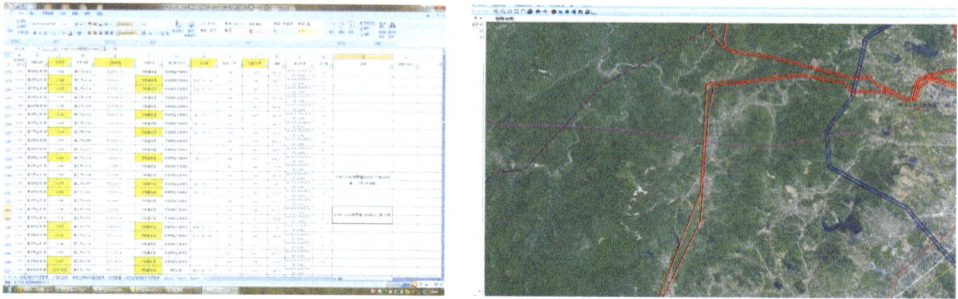

图 5-12　线路基础资料查询

无人机应在杆塔、导线正上方以盘旋、直飞的方式开展巡检作业。无人机航线距离线路包络线的垂直距离应不少于 100m。巡航速度应在 60～120km/h 范围内，并应预先设置紧急情况下盘旋、返航、失速保护、紧急开伞等安全策略。

对于转角角度较小的线路，航线规划时应沿线路方向飞行巡检；线路转角角度较大、地形陡峭或相邻铁塔高程相差较大时，应根据无人机飞行速度、转弯半径等技术参数正确规划巡检航线，宜由低入高逐渐爬升或盘旋爬升方式飞行；严格按照爬升角度校核线路坐标，对于起伏较大的线路可规划采取多次盘旋的方式开展巡检，不得急速升降。

为保证巡检作业在视场范围内尽可能覆盖线路通道，无人机实际飞行宜内切预设航线，即无人机到达拐点前预先转弯，以免过度偏离预设航线。

程控手应在巡检作业前一个工作日完成航线规划，编辑生成飞行航线和安全策略，并交工作负责人检查无误，如图 5-13 所示。

图 5-13　固定翼飞行巡检航线规划及检查

（2）设备组装。按要求完成机身、机翼、降落仓组装及弹射装置安装，各部件连接牢固可靠；弹射架或放飞方向需根据现场地形和风速、风向等条件合理的选择。组装完成后，需对无人机进行重心检查，重心不位置不对不平衡时应重新进行机体配重，最终达到平衡状态，如图 5-14 所示。

图 5-14　固定翼组装示意图

架设地面站天线时，需将天线支架展开至最高状态，且天线正对飞行方向，并天线与地面站进行可靠连接。

采用电池电量测试仪对无人机电池电量进行测量，测量时需核对电极，以免接反，同时需检查 GPS 跟踪仪、相机等辅助设备是否电量充足、运行正常，在按操作要求和天气情况合理调节设备功能参数，清空相机历史数据，检查相机电量、设置参数、试拍正常。

如采用伞降，还需按要求折叠降落伞，并将降落伞与机体进行可靠连接。

（3）航前检查。飞机组装完成通电后，启动无人机系统，检查数传、图传设备是否接入系统、卫星数目和 GPS 精度等飞行参数是否满足要求。下载地图，检查与现场环境是否一致。在飞行检查菜单栏里选择地面站位置采集，确定起降点地理坐标，校验海拔，设置应急高度。

检查地面站所做航线是否正确完善（2 个相邻航点间爬升角不得超过爬升角，一般为 20°）、需要拍摄照片的航点是否已勾选拍照指令。

依次检查机身左、右、上、下倾斜的飞行姿态是否正确；依次检查升降机上偏、中立、下偏指令是否动作无误；检查降落伞打开指令是否动作准确；校准磁传感器和磁罗盘，检查机头所对方位与实际位置是否一致，如图 5-15 所示；根据拍摄通道照片要求进行相机参数设置检查；检查弹射架安装是否正确，桩锚受力是否均匀，周围土壤有无松动，桩锚能否承受飞机弹射时的拉力；使用风速仪对现场风力、风向进行测试，风力超过 4 级不宜进行飞行，风向突然变化时，需根据具体情况重新安装弹射架。

根据附录 H "固定翼无人机巡检飞行前检查工作单" 逐项完成检查后逐项打钩。

（4）飞行巡检。起飞重量达 5kg 以上的无人机不宜采用手抛起飞方式，20kg 以上的无人机不宜采用弹射起飞方式。高海拔地区作业时应适当增加弹射架长度或滑跑距离，以保证起飞初速度。

图 5-15　固定翼姿态检查

采用弹射起飞时，弹射架应置于水平地面上并做好防滑措施，如图 5-16 所示。程控手负责操作弹射架，解锁防误触发装置，触发弹射器前应知会全体人员。弹射完成后应立即离开起飞点，密切关注无人机飞行姿态，协助观察图传信息并做好紧急情况下手动接管无人机准备。程控手应监控并及时通报无人机状态。

（a）

（b）

（c）

图 5-16　弹射起飞示意图
（a）弹射架起飞；（b）橡皮筋弹射；（c）带支架的橡皮筋弹射

采用手抛起飞时，应有防误触发装置。程控手负责抛掷无人机，抛掷后应立即离开起飞点，密切关注无人机飞行姿态，协助观察图传信息并做好紧急情况下手动接管无人机准备。程控手应监控并及时通报无人机状态。

采用滑跑起飞时，应确认跑道平坦无障碍物，如图 5-17 所示。程控手控制起飞，监控并及时通报无人机状态；操控手协助观察图传信息并做好紧急情况下手动接管无人机准备。

启动螺旋桨，达到动力要求后，迎风进入预定飞行轨道，并记录起飞时间。起飞时，若无人机姿态不稳或无法自主进入航线，程控手或操控手应马上进行修正，待其安全进入航线且飞行正常后方可切入自主飞行模式。

图 5-17　滑跑起飞

程控手应始终注意监控地面站，并密切观察无人机飞行状况，包括飞行巡检过程中无人机发动机或电机转速、电池电压、航向、飞行姿态等遥测参数、数据链情况。操控手应注意观察无人机实际飞行状态，必要时进行人工干预，并协助观察图传信息、记录观测数据。工作负责人综合评估飞行状态，异常情况下应及时响应，合理做出决策，必要时采取返航、迫降等中止飞行措施，并做好飞行的异常情况记录，如图 5-18 所示。

图 5-18　系统数据跟踪监测

原则上巡检作业全程采用无人机自主飞行模式。必要时进行人工干预，保障无人机顺利完成飞行作业。

（5）返航降落及设备撤收。巡检人员应提前做好降落场地清障工作，确保其满足安全降落条件。如图 5-19 所示，采用撞网降落方式时，不得由人工撑网；采用机腹擦地和滑跑降落方式时，降落场地应满足其安全距离，采用伞降方式时，应根据无人机状态设定适宜的开伞时间并确保附近无安全隐患。

降落期间，程控手应时刻监控回传数据，及时通报无人机飞行高度、速度和电压等技术参数；操控手应密切关注无人机飞行姿态，随时准备人工干预，发现问题应第一时间通知工作负责人和程控手，必要时切换手动降落。

无人机着陆并导出相片 POS 数据后方可进行设备断电，检查外观及零部件，取出电池、GPS 跟踪仪、相机，确认无人机巡检系统完好并做好使用记录，如有损坏，应及时维修。

将无人机、地面站设备拆装放入对应保护箱内。电动无人机应将动力电池拆卸，储存于专用电池箱中；油动无人机宜将油箱内剩余油量抽出，并单独存放。如采用伞降，则需将折叠降落伞置入机身降落仓。

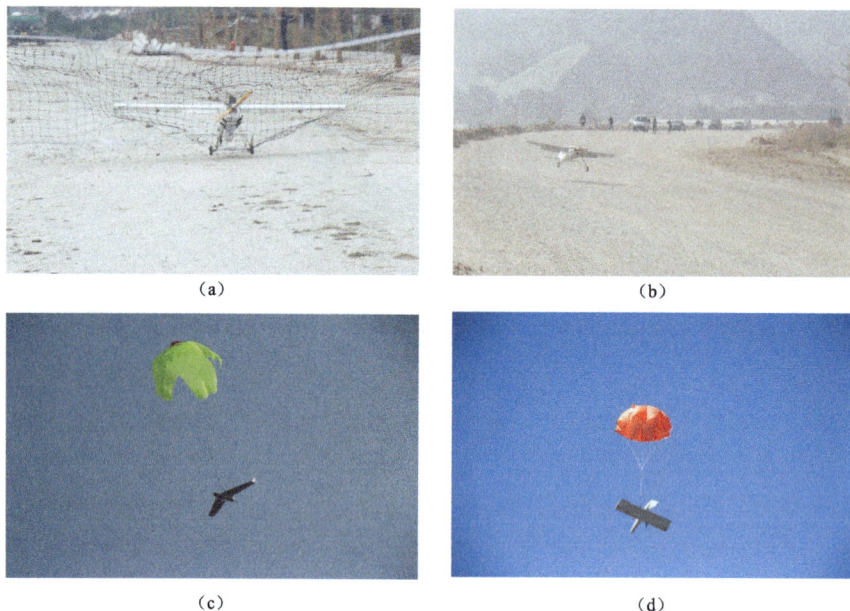

图 5-19　返航降落及设备撤收

(a) 撞网回收；(b) 滑跑降落；(c) 伞降回收；(d) 伞降回收

如需再次开展巡检作业，应及时为无人机加油、更换电池，并做好起飞前检查工作。

四、作业后管理

作业后管理是对无人机巡检作业结束后进行的装备保养、信息收集、整理工作。包括设备入库、数据分析、工作总结和资料归档工作。

1. 设备入库

巡检工作完成入库前，对照设备清单逐项核对，检查时应注意设备及配件是否齐全，外观是否完好、有无污垢。检查无人机设备电池、主机的电量，并对电池、主机充电至存储电量。

定置存放无人机设备，并检查设备的完好性，并填写设备入库记录单，找到对应出库信息并登记闭环。

2. 数据分析

巡检结束后，应及时将任务设备中的巡检数据导出，仔细分析查看图像和视频数据，辨认、筛选出隐患、危险点信息，标注和提取疑似缺陷照片，对照"输电线路设施缺陷库"，确定设备缺陷内容和缺陷等级，并规范命名，填写相应的无人机巡检结果缺陷记录单，并经工作负责人签字确认后递交设备运维单位分析判定。如发现疑是缺陷但无法明确的判定，运检单位应另派员进行人工巡查，现场判定。

3. 工作总结

每次飞行任务结束后，根据数据分析结果，编制"无人机巡检作业报告"，详述当天巡检作业的情况。主要内容包括：

(1) 巡检作业任务情况（包括作业背景、目的及内容等）。

(2) 巡检作业设备情况（包括设备工作中及出入库时状态）。

(3) 巡检结果分析情况（包括发现隐患、危险点情况）。

(4) 巡检作业小结（或作业成效总结）。

4. 资料归档

工作完成后，将相应的缺陷记录单、巡检作业报告、作业指导书、任务单、班前班后会记录、空域审批文件、航线信息库等资料分类按日期归档。将扫描件及电子资料，按线路和时间归档，存放于专用电子文件夹中，有条件可在局域网服务器上建立专用分区以便储存管理。专档文件打包刻录成光盘，盘面贴标签后由专人管理，统一存放。

第二节 检 测 技 术

用于架空输电线路无人机巡检作业的各型、各类无人机必须符合航空器安全标准。在其正式投入使用前要进行必要的试验检测、鉴定。无人机的试验检测按照小型旋翼无人机巡检系统试验检测，大、中型无人机巡检系统试验检测，固定翼无人机巡检系统试验检测分类进行。

一、试验检测必要性

随着智能电网和特高压输变电工程的快速发展，电网提出了"直升机、无人机和人工协同巡检"的新型巡检模式，2011年，国家电网公司开始进行无人机巡检技术试点应用，目前正在逐步推广应用。

为满足电网"直升机、无人机和人工协同巡检"新型巡检模式的应用需求，我国已有越来越多的无人机制造商开始无人机巡检系统产品的研发和销售，并已研制出各种机型的输电线路无人机巡检系统。但是，各机型无人机技术指标和性能参数参差不齐，其安全性和稳定性差别也较大，国内外尚无针对输电线路无人机巡检系统的技术标准，尚无成熟的产品试验检测方法和检测体系。

因此，从电网巡检应用需求出发，区别于航空航天领域的无人机适航试验，针对无人机巡检系统巡检的功能性开展验证性试验，是当前一项十分必要和亟需的工作，可及时掌握国内输电线路无人机巡检系统质量情况，对巡检无人机选型工作提供参考，有效实施输电线路无人机巡检应用工作。

2014年，国家电网公司运检部委托中国电力科学研究院牵头开展输电线路无人机巡检系统试验检测工作，牵头建立健全试验检测标准体系、建设完善试验检测能力，牵头组织开展集中检测工作、抽样检测和常规检测工作。

二、小型旋翼无人机巡检系统试验检测

1. 检测项目

在检测项目设置上，立足巡检作业应用需求，参照相关领域的最新标准，重点是对小型旋翼无人机巡检的功能性进行验证，明确指出各机型无人机巡检系统应具备的各项技术指标和性能参数，完全涵盖了《输电线路小型旋翼无人机巡检系统技术规范》所明确要求的小型多旋翼无人机巡检系统应具备的各项指标和功能检测。

检测项目主要分为三个方面：一般要求、功能要求和性能要求，包括外观特性试验、环境适应性能试验、巡航功能试验、抗电磁干扰性能试验、地面站软件性能试验、动力电池性能试验和运输性能试验七大类，共计 49 个小项。具体检测项目见表 5-6。

表 5-6 　　　　　　　　　输电线路小型旋翼无人机检测项目

序号	试验项目		
1	一般要求		外观特性试验
2		环境适应性试验	低温环境适应性试验
3			高温环境适应性试验
4			温度湿度振动综合环境适应性试验
5			海拔适应性能试验
6			抗风飞行性能试验
7			抗雨飞行性能试验
8			防雨性能试验
9			防尘性能试验
10	功能要求	巡航功能试验	自检功能试验
11			任务规划功能试验
12			飞行模式及切换功能试验
13			导航定位偏差试验
14			飞行控制偏差试验
15			悬停控制偏差试验
16			机头复位向功能试验
17			测控距离试验
18			一键返航功能试验
19			链路中断返航功能试验
20			飞行区域限制功能试验
21			低电压报警功能试验
22			位置追踪功能试验
23			拍照功能试验
24			转动性能试验
25			稳像精度试验
26			可见光成像性能试验
27			红外成像性能试验
28			跟踪精度试验
29	性能要求	抗电磁干扰性能试验	射频电磁场辐射抗扰度试验
30			静电放电抗扰度试验
31			脉冲磁场抗扰度试验
32			工频磁场抗扰度试验
33			地面站软件性能试验

续表

序号		试验项目	
34	性能要求	动力电池性能试验	外观特性试验
35			23℃快速放电容量试验
36			−30℃快速放电容量试验
37			55℃快速放电容量试验
38			循环寿命试验
39			低气压试验
40			温度冲击试验
41			耐振动性试验
42			过压充电试验
43			欠压放电试验
44			外部短路试验
45			挤压试验
46			加速度冲击试验
47			跌落试验
48		运输性能试验	运输振动性能试验
49			运输跌落性能试验

2. 检测内容和要求

从一般要求、功能要求和性能要求三个方面，对无人机巡检系统的主要检测内容和技术要求进行说明如下。

（1）一般要求。包括外观特性和环境适应性，重点是测试各类小型旋翼无人机巡检系统对巡检作业环境的适应性能。

对于环境适应性类试验项目，在检测内容设置上更为全面，技术指标尽量量化，且技术要求更为严格。如按适用环境温度范围和最高海拔高度，将旋翼无人机巡检系统进行分类，再对每个类型无人机进行相应等级试验，其中，最低温度达−40℃，最高海拔高度达6000m；抗风飞行性能试验项目，明确规定为：在瞬时风速不大于10m/s环境条件下可正常工作，正常作业悬停时，与悬停点的水平偏移不大于1.5m，标准差不大于0.75m，垂直偏移不大于3m、标准差不大于1.5m；抗雨飞行性能试验项目，技术指标规定为：在小雨环境条件下可稳定飞行，飞行时间不小于5min。飞行后，各电气接口不存在明显短路风险，各项功能正常。

（2）功能要求。包括巡航功能和巡检功能，这两部分是关键性技术指标，巡航功能是开展巡检作业的前提和基础，巡检功能直接影响巡检作业的质量和效果，是电网安全运行最为关心的性能指标之一。

对于巡航功能，《输电线路小型旋翼无人机巡检系统技术规范书》中对部分技术指标只是定性规定，未明确定量化指标或定量化指标要求偏低，如：未明确规定无人机的导航定位偏差、飞行控制偏差和定点悬停精度，以及对规定测控距离的巡检高度，且测控距离要求为1km。

前期集中试验结果表明：

1）不同机型的导航定位偏差、飞行控制偏差和定点悬停精度差别较大，且受测试环境风速影响也较大。

2）测控距离受飞行环境以及巡检高度的影响较大，集中检测表明大多数机型在飞行高度大于等于40m时图传清晰流畅、飞行高度小于40m时图传丢失；若以飞行高度大于等于40m时数传和图传不中断作为测控距离判定条件，已测试的11个机型中，除了1个机型因自身设备出现问题未开展测控距离试验外，有5个机型的测控距离为4km，有4个机型的测控距离为3km，测控距离最小为2km的有3个机型。

因此，需对巡航功能试验项目的所有技术指标明确定量化，如规定无人机巡检系统的定位偏差为：距地面2m高的环境瞬时风速不大于3m/s时，导航定位偏差水平方向不大于1.5m，垂直方向不大于3m；定点悬停精度为：距地面2m高的环境瞬时风速不大于3m/s时，悬停控制偏差水平方向不大于1.5m、标准差不大于0.75m，垂直方向不大于2m、标准差不大于1m；测控距离技术要求为：在飞行高度40m时全向传输距离不小于2km。

对于巡检功能，《输电线路小型旋翼无人机巡检系统技术规范书》中对巡检功能的技术指标要求偏低或不够明确，如任务设备的性能指标技术要求中，只规定了巡检图像的效果及像素。但是，存在的问题有：

1）从现场巡检应用效果来看，部分机型由于有效像素不够，难以满足检测销钉级缺陷的需求，部分机型由于焦距过长、视场较小，视场中可参照物少，巡检中难以准确发现和定位目标物。因此，需规定传感器的有效像素及视场大小。

2）从试验检测结果来看，大部分机型采用2000万以上像素的任务设备，巡检图像能清晰分辨销钉级目标物，且保证能同时拍摄较大范围的杆塔部分，更易捕捉目标。

因此，需进一步明确规定巡检功能的技术指标为：对于可见光传感器，有效像素数不低于1400万；具备变焦功能，变焦范围为35～80mm（等效焦距），且连续可调；具备自动对焦功能；在距离不小于10m处拍摄的影像可清晰分辨销钉级目标。

（3）性能要求。包括抗电磁干扰性能、地面站软件性能、动力电池性能和运输性能，重点是确定抗电磁干扰性能和动力电池性能的检测内容和技术要求。

对于抗电磁干扰性能，前期的集中检测方案中主要依据GB/T 17626.2—2006《电磁兼容试验和测量技术 静电放电抗扰度试验》、GB/T 17626.9—2016《电磁兼容 试验和测量技术 射频电磁场辐射抗扰度试验》、GB/T 17626.9—2011《电磁兼容 试验和测量技术 脉冲磁场抗扰度试验》的技术要求均为A级（即各项功能正常）。但是，集中检测结果表明，不同机型的试验结果差异较大，如在射频电磁场辐射抗扰度试验中，少部分机型在某个频率点出现轻微波纹或在少部分频段出现闪屏现象；大部分机型出现云台失控、影像传输信号中断、任务设备操控无响应等现象，且在干扰停止后可自行恢复（即属于B级）；少部分机型试验时出现云台失控等现象，需断电重启后恢复（即属于C级）。此外，重庆、湖北、四川、浙江等试点单位在实际应用中均发现在线路附近，不同型号的无人机巡检系统操控性均存在明显降低现象，特别是在直流线路附近此现象更为明显，甚至威胁到巡检安全。

因此，结合前期集中检测试验结果和现场实际应用经验，建议强化抗电磁干扰性能的技术指标要求。针对小型旋翼无人机巡检系统的特点，对试验中可能出现的功能丧失或性能降低现象进行分类，再据此具体制定抗电磁干扰性能的试验结果等级划分。

试验样品功能丧失或性能降低的情况有：①测控信号传输中断或丢失；②旋翼无人机对操控信号无响应或飞行控制性能降低；③影像传输中断或出现迟滞、马赛克、雪花、条纹、重影等现象；④任务设备对操控信号无响应或转动、拍摄等控制性能降低；⑤其他功能的丧失或性能的降低。

试验结果根据试验样品的功能丧失或性能降低程度分为 A、B、C、D 四个等级，见表 5-7。

表 5-7 试验样品的功能丧失或性能降低程度等级

等级	等级划分标准
A	各项功能和性能正常
B	未出现①和②中所列现象。出现③、④和⑤中任意现象，且干扰停止后可在 2min（含）内自行恢复，无需操作人员干预
C	未出现①和②中所列现象。出现③、④和⑤中任意现象，且干扰停止 2min 后仍不能自行恢复，在操作人员对其进行复位或重新启动操作后可恢复
D	出现①和②中任意现象；或未出现①和②中所列现象，但出现③、④和⑤中任意现象，且因硬件或软件损坏、数据丢失等原因不能恢复

4. 试验方法

在试验方法设置上，需结合前期小型旋翼无人机巡检系统试验经验，针对小型旋翼无人机巡检系统的特点进行设置。对于有标准可依的试验项目，参照标准要求，并结合无人机巡检系统的特点进行检测，如抗电磁干扰性能试验项目和动力电池性能试验项目；对于有类似标准可供参考借鉴的，根据现场实际应用情况对检测方法进行调整，如环境适应性试验；对于无相关或类似标准可供参考的，在前期国家电网组织的户外测试经验和前期几批集中试验的基础上，对现有试验场地进行改造完善，修订试验检测方法，如导航定位偏差试验、测控距离试验、成像性能试验等。

（1）海拔适应性能试验。高海拔作业环境主要影响无人机巡检系统的动力电池性能和操控性能，则试验时主要测试无人机在高海拔作业环境下的巡航时间和无人机操控响应、任务设备的性能等。开展海拔适应性试验，目前主要有两种方式，一是在青海等高海拔地区进行，前期测试经验表明，在高海拔地区真实环境中开展试验，是最直接最直观的方法，但是存在试验受外界环境影响较大、人力和物力耗费大、试验结果重复性和可比性不高等不足；二是在模拟高海拔作业环境中进行，可弥补真实作业环境下的不足，试验易操作、易控制条件可控、灵活性大且试验结果能反映真实作业环境下无人机的性能。因此建议在模拟作业环境下开展海拔适应性能试验。

检测方法设置上，通过配置具有智能控制系统的三轴运动测量台，实现在模拟高海拔作业环境中无人机无地效悬停，即：将三轴运动测量台布置在人工环境气候试验箱（室）内，将搭载了任务设备的旋翼无人机安装于三轴运动测量台上并固定牢靠，操作人员在人工环境气候试验箱（室）外操控无人机在三轴运动测量台上无地效悬停（高度一般不低于 3m）。

（2）抗风飞行性能试验。对于无人机巡检系统的抗风性能，各网省公司无人机巡检作业试点应用经验表明，小型旋翼无人机飞行受外界环境影响较大，特别是山区等恶劣气象环境下的突发阵风可能导致无人机发生事故，巡检作业存在安全风险。国家电网公司"输电线路直升机、无人机和人工协同巡检试点工程"工作组已在张北、青海等风大的地区组织了无人机抗风性现场试验测试工作。结果表明，不仅存在飞行空域申请困难、人力物力消耗大，而且存在试验受外界环境影响较大、试验结果重复性和可比性不高等问题。

因此，需在外界空旷环境中建立了敞开式抗风飞行性能试验场，该试验场需布置有变频风机系统、实时风速和风向控制和显示系统等附属设施，可真实模拟单向自然风、自然界的旋风及在有单向风时、有另一个方向的侧风吹过情况等实际作业工况。

在抗风飞行性能试验中，还配置有数字化测量系统，该系统由位置测量设备、姿态测量设备、航迹分析平台和集中监控系统四大部分组成，通过多点获取无人机图像信息，来解算无人机实时位置和姿态，能实时对无人机的飞行状态和空间位置进行监测（如悬停高度、飞行俯仰角度、偏离悬停点的距离等）。测量精度水平方向不低于 10cm、垂直方向不低于 15cm，测量间隔时间不大于 0.5s。

此外，关于无人机飞行姿态和实时位置，以往主要是采用定性检查方法，即操作人员通过目视观察来确定无人机飞行状态和位置，但该检测方法存在试验结果较大误差、可靠性差、公平公正性易受外界因素影响等问题，且不符合试验资质认证 CNAS/CMA 文件中有关检测质量体系的规定。因此，建议在抗风飞行性能试验中配置数字化测量系统，并引入了数理统计中的偏移量和标准差的概念，以实时测量和定量评判无人机飞行状态的水平偏移量和垂直偏移量，以及水平标准差和垂直标准差。通过以上方法实现了无人机飞行姿态和实时位置的定量测量和评判，该方法也可扩展到无人机导航定位偏差、悬停控制偏差试验等试验项目中。

（3）测控距离试验。首先，通过以下两个实测案例说明测控距离试验的注意事项。

案例一：2014 年在国网运检部组织召开的无人机巡检技术交流会上，在现场演示中，其中一个环节为某一机型对其地面站约 250～300m 的杆塔进行巡检作业。作业结束后，无人机在杆塔附近进行降落，在降落过程中数传和图传信号丢失，地面站无图像显示，且没有无人机监控参数显示。随后，杆塔附近作业人员通过遥控手柄控制无人机落至地面，控制无人机从起飞点升高后飞向地面站所在地点。在无人机升高至塔头高度附近时，地面站数传和图传信号恢复。但在水平飞行阶段，无人机突然失控坠落，事后检查原因为 GPS 信号线松脱。

案例二：2014 年在国网某省公司的无人机巡检系统现场验收时，沿测控距离飞行路径方向有一通信基站。当无人机朝向该通信基站方向的路径飞行时，测控距离仅刚过300m；在对该无人机未做任何调试，且保持飞行高度不变，仅将飞行方向调整为背离通信基站，其测控距离超过800m。

由上述实测案例可知，测控距离试验主要受巡检作业周围环境（杆塔导线、通信基站等）和巡航高度的影响等，但以往测控距离测试方法中，有的采用在空旷场地上进行、控制无人机升高到一定高度而不是沿航线飞行，或试验过程中未规定无人机飞行高度（甚至有的将无人机飞至100m以上），显然是不符合现场实际应用需求的。

因此，关于测控距离试验方法设置，应注意以下事项：

1）试验场地应设置在附近有500kV及以上电压等级输电线路或模拟输电线路的户外露天场地，且与周边障碍物距离应满足飞行安全要求。

2）无人机飞行航线应封闭，巡检飞行高度范围为：40（1±5）m，且距线路边导线水平距离不大于10m。

3）试验中，应备用同型号地面站或遥控手柄各一套，且与无人机距离始终保持在裸眼通视范围内，始终处于准备工作状态，以防在突发情况使用。

4）试验过程中，应通过距离无人机一定距离的地面控制模块控制无人机沿航线飞行，而不能通过突发情况备用的同型号地面站或遥控手柄控制无人机飞行。

5）试验期间，注意控制任务设备转动和拍照，观察测控和影像数据是否正常。若出现测控数据传输中断或丢失、无人机对操控信号无响应、任务设备对操控信号无响应等任意现象，记录当前无人机与地面控制模块的距离；若出现影像连续中断3s及以上、影像迟滞、马赛克、雪花、条纹、重影且影响辨识等现象，记录当前无人机与地面控制模块的距离。

（4）可见光和红外成像性能试验。对于小型旋翼无人机巡检作业，由于其飞行速度低、巡航时间一般在30min左右等特点，主要是采用其搭载的可见光传感器、红外传感器等成像设备对输电线路本体设备和销钉、U形挂环、螺帽等金具进行精细化巡检作业，则巡检效果主要是对其拍摄的图像（照片）进行评判。

对于可见光成像性能，以往主要是采取在户外露天场地开展试验，但是，存在试验结果易受外界光线、风速等环境因素影响，且每个机型的试验环境条件不够统一、试验结果重复性差等问题。因此，建议改为在室内开展试验，在实验室内布置标准目标靶场，标准目标靶场是由输电线路通道背景、支撑杆和不同规格的挂板、U形挂环等电力连接金具布置而成，面积不小于3m×3m、高度不小于2m，且靶场范围内光照度不小于500lux，则可真实模拟无人机巡检作业目标物，能客观地对可见光成像性能进行验证试验。

对于红外成像性能，以为主要是在户外试验场进行，通过在模拟导线上布置模拟热源，模拟输电线路发热故障缺陷，但是存在模拟热源不稳定、试验结果分散性大且试验结果易受外界环境温度、风速影响等问题。因此，建议在实验室内采用精密黑体进行，且应在无风、环境温度0～40℃条件下开展试验，开展试验时需要两个精密黑体间隔2m平行布置、二者辐射面处于同一垂直平面上，其中一个精密黑体低温不高于−20℃、另一个精密黑体的高温不低于 150℃。

（5）动力电池性能试验。对于无人机巡检系统用动力电池试验，主要是参照现有的标准进行。目前，电池检测采用的主要标准有：QC/T 743—2006《电动汽车用锂离子蓄电池》、QB/T 2502—2000《锂离子蓄电池总规范》、GB/T 18287—2013《移动电话用锂离子蓄电池及蓄电池组总规范》和 GB 31241—2014《便携式电子产品用锂离子电池和电池组安全要求》。

以上几个标准在检测项目、检测设备和检测方法设置上的相同点和区别为：QC/T 743—2006，因测试的锂离子蓄电池容量较大，要求检测设备具有更大的检测能力，特别是模块的针刺，挤压及工况模拟对检测设备要求极高；QB/T 2502—2000 基本与 GB/T 18287—2013 类似，但 QB/T 2502—2000 没有电池组试验项目，只检测单体锂离子电池，则检测设备最为简单；GB/T 18287—2013，需增加碰撞和针刺试验项目和试验设备，以满足对电池单体和电池组所有试验项目进行测试，并且 GB/T 18287—2013 相比 QC/T 743—2006 和 QB/T 2502—2000，标准充电及标准放电的电流值较小，其余检测内容（如安全类试验）基本相同；GB 31241—2014，是产品类通用标准，安全性试验项目较为齐全，但缺少循环寿命试验项目。

因此，结合小型旋翼无人机巡检系统的特点和应用作业环境，参照现有的电池行业标准，制定无人机巡检系统动力电池试验标准。以动力电池的挤压试验为为例进行说明。

关于动力电池的挤压试验，最初是参照 QB/T 2502—2000《锂离子蓄电池总规范》开展试验，试验结果表明对无人机动力电池并不适用，因为该标准未考虑不同类型电池的区别，所有的电池均采用异形挤压板进行挤压，挤压程度均为：挤压至蓄电池模块原始尺寸的 85%，保持 5min 后再挤压至蓄电池模块原始尺寸的 50%。此外，GB 31241—2014 将电池分为 4 类：圆柱形电池、方形电池、软包装电池和扣式电池，根据每类电池的特点，挤压方式也不同，但是此分类方法中分类标准不统一，即软包装电池是按照电池的结构进行分类，而其他三种是按照电池的形状分类，也不适用于无人机电池。因此，参照现有标准，结合无人机电池的特点，对挤压试验方法进行调整，根据电池的形状，将无人机电池分为圆柱形电池和矩形电池两类，进而确定这两类电池的挤压方式。

5. 支撑能力建设

2011 年，国家电网公司开始开展"输电线路直升机、无人机和人工协同巡检试点工作"，并成立"输电线路直升机、无人机和人工协同巡检试点工作"工作组，建立无人机规范化巡检应用体系，与直升机和人工巡检相互协同，实现资源共享，提高输电线路运检质量、效率和效益。

中国电力科学研究院深入参与国家电网公司"输电线路直升机、无人机和人工协同巡检试点工作"，受国家电网公司运检部的委托，牵头开展输电线路无人机巡检系统技术支撑能力建设和完善工作。在无人机规范化巡检支撑体系方面，主要工作包括开展无人机巡检系统资质论证，编制试验检测规范，研究检测手段，构建检测环境，逐步建立试验检测体系，规范各类无人机及任务设备的定型，引导并培育相关市场，降低设备价格，提高产品质量；研究制定无人机巡检人员培训方式、方法和手段，逐步统筹建立培训工作体系，实现无人机巡检人员培训的标准化和制度化，达到自主培育合格作业人员的目的；研究各型无人机的维修保养策略，建立无人机巡检系统维护保养机制。

在检测体系方面，在前期张北、青海和山东小型旋翼无人机巡检系统测试的基础上，建立健全输电线路小型旋翼无人机巡检系统试验检测体系。2013年12月，中国电力科学研究院依托特高压交流试验基地，初步建成输电线路无人机巡检系统试验场。2014年3月，制定输电线路小型旋翼无人机巡检系统检测方案、编制试验项目、试验方法和作业指导书、制定检测管理流程等，按照试验资质认证CNAS/CMA检验检测管理要求，于2014年4～5月，首次集中开展了第一批输电线路小型旋翼无人机巡检系统性能检测工作，并形成常态化工作。为了满足2015年国家电网公司输电线路小型旋翼无人机招标需求，2014年12月至2015年3月，集中开展了第二批输电线路小型旋翼无人机巡检系统集中检测工作。为确保国家电网公司小型旋翼无人机巡检系统交付质量，2015年7～10月，组织开展了2015年小型旋翼无人机招标采购机型的抽样试验工作。

通过以上工作，发现在试验检测方面还存在以下不足：

（1）目前试验检测项目主要为验收试验项目，型式试验项目存在较多缺项。

（2）试验检测环境存在安全风险，可能发生二次事故和次生灾害。

（3）试验检测手段欠缺，试验结果易受外部环境和人为因素影响。

在培训方面，通过已开展两期小型旋翼无人机巡检系统集中培训，正在开展中型旋翼无人机巡检系统集中培训工作，以及2014年中国电力科学研究院组织开展的小型旋翼无人机巡检系统岗位技能培训工作。前期工作发现培训中尚存在以下不足：

（1）人员培训以交付使用培训为主，巡检应用能力培训条件不足，特别是不具备小型旋翼无人机近线飞行巡检作业培训能力。

（2）人员培训效果的标准化考核和评价手段欠缺。

综上所述，有必要在总结前期相关工作基础上，进行分析总结、凝练需求，围绕国家电网公司输电线路小型旋翼无人机巡检常态化应用需求，完善试验检测和岗位技能培训工作能力建设，持续推进无人机巡检规范化应用。

2015年1月，中国电力科学研究院开始对无人机巡检系统试验场进行改造和完善，试验场地规划如图5-20所示，试验场地包括高低温环境适应性试验场、抗风飞行性能试验场、抗雨飞行性能试验场、巡航功能试验场、巡检功能试验场、光电吊舱性能试验室和成像质量评价试验室、220kV和500kV培训线路段及特高压交流输电线路单、双回线路段等，目前已完成高低温环境适应性试验场、抗风飞行性能试验场、抗雨飞行性能试验场、巡航功能试验场、巡检功能试验场的建设工作。并且，中国电力科学研究院还拥有国家级的电磁兼容实验室，可考核无人机巡检系统在巡检时附近输电线路、通信基站等抗电磁干扰性能，如图5-21～图5-23所示。

图 5-20   输电线路无人机巡检系统试验场

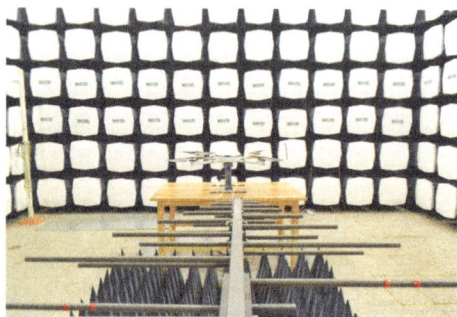

图 5-21   射频电磁场辐射抗扰度试验

图 5-22   静电放电抗扰度试验

图 5-23   脉冲磁场抗扰度试验

通过改造试验场地、改进试验手段、编制电力行业标准、完善试验项目，中国电力科学研究院将全面满足输电线路中、小型旋翼无人机巡检系统试验检测要求，全面具备输电线路中、小型旋翼无人机巡检系统试验检测试验能力。建成后可实现以下目标和功能：

（1）全面具备中、小型旋翼无人机巡检系统型式试验、验收试验能力；具备大型旋翼、固定翼无人机巡检系统和任务设备部分型式试验能力，全面具备验收试验能力。

（2）全面具备中、小型旋翼无人机巡检系统岗位技能培训能力；具备人员培训效果的标准化考核和评价手段。

（3）试验检测安全风险可控，避免发生二次事故和次生灾害。

（4）试验检测环境条件可控，避免环境因素对试验检测结果的干扰。

（5）试验检测结果评价标准化，避免人为因素影响。

（6）为国家电网公司输电线路无人机巡检常态化推广提供坚强技术支撑手段，从前期产品性能试验检测、巡检应用培训到后期的维修保养等方面给予技术保障。

三、固定翼无人机巡检系统试验检测

1. 检测依据

主要依据的标准如下：

GB/T 2423.1—2008 电工电子产品环境试验　第 2 部分：试验方法　试验 A 低温

GB/T 2423.2—2008 电工电子产品环境试验　第 2 部分：线路方法　试验 B：高温

GB/T 2423.8—1995 电工电子产品环境试验　第 2 部分：试验方法　试验 Ed：自由跌落

QB/T 2502—2000 锂离子蓄电池总规范

《输电线路固定翼无人机巡检系统技术规范书》

2. 检测项目

检测项目包括四大类，分别为飞行功能类、一般环境适应性能类、动力电池性能类和其他类。具体检测项目见表 5-8。

表 5-8　　　　　　　　　输电线路固定翼无人机巡检系统检测项目

序号	类型	检测项目或参数
1	飞行功能类	自检功能、起降方式、飞行基本功能、巡检能力、通信性能、安全策略功能
2	一般环境适应性能类	高低温存储、跌落试验（带包装）
3	动力电池性能类	外观、电气连接与绝缘、放电容量、安全性
4	其他类	资料完整性、外观质量、操作性能、维修性能、储运性能

3. 检测内容和要求

目前，固定翼无人机巡检系统试验检测主要依据《输电线路固定翼无人机巡检系统技术规范书》开展，对部分试验项目的检测内容要求说明如下：

（1）起降方式。固定翼无人机起飞方式主要有滑跑、弹射和手抛 3 种起飞方式。滑跑起飞方式对场地和净空要求较大，采用滑跑方式起飞时，滑跑距离应小于 30m；对于弹射方式起飞方式，主要有架设专用弹射架起飞和以拉伸皮筋的方式进行弹射，采用弹射方式起飞时，弹射架的展开、组装和撤收等操作人员不多于两人；手抛起飞方式对场地要求小，但对操作人员的经验要求相对较高。

固定翼无人机降落方式主要有滑跑降落（简称滑降）、伞降和机腹擦地 3 种降落方式。

1）采用滑跑方式降落的无人机应配置着陆装置，降落时，滑行距离应小于 30m。采用撞网降落方式时，巡检系统应具备差分 GPS 功能，机体布局应采用后置螺旋桨的布局型式，机载任务设备、电机/发动机等核心部件不受直接冲击。

2）机腹擦地降落方式的擦地距离与降落时的速度、触地面积有关，降落时速度较大，滑行距离长。因此，采用机腹擦地方式降落的无人机，降落时，滑行距离应小于 30m，触地部位应使用耐磨材料，机载任务设备、电机/发动机等核心部件不受直接冲击。

3）影响伞降偏差的主要因素有开伞高度、风速，开伞高度与固定翼的大小有关。

一般来说，开伞高度越低，偏差越小，风速越小，偏差越小。因此，采用伞降方式时，机体应具备适当保护措施，降落时，机载任务设备、电机/发动机等核心部件不受直接冲击。

目前，大部分固定翼无人机支持滑跑、弹射等多种起飞方式，可根据需求进行改造，加装起落架或弹射装置；少部分固定翼无人机支持手抛起飞方式。大多数固定翼无人机滑跑起飞的距离范围在30～70m，滑跑降落的距离范围在18～75m。滑跑后无人机刚刚离地，在实际应用中至少需要纵向100m无障碍物的平整场地，此种起飞、降落方式对场地要求高。输电线路走廊周围难以寻找满足条件的起降场地，野外作业适合使用弹射或手抛起飞的方式；降落方式宜采用伞降方式。

固定翼无人机可同时具备多种起降方式，以满足实际巡检需求；如机体装有起落架及弹射释放块，可同时支持滑跑与弹射起飞；机体带起落架和降落伞，可同时支持滑跑降落、机腹擦地、撞网、伞降方式。此外，固定翼无人机速度快，不易看清姿态，手动控制容易引发危险事故，自主起降方式风险小，因此，建议固定翼无人机具备全自主起降方式。

（2）巡检能力。目前，国家电网公司对固定翼无人机巡检系统的应用定位为用于通道巡检和应急巡检。由于固定翼无人机巡检距离长，对线路巡检人员来说，实时看清巡检视频能更直观地反映无人机的飞行状态，因此在巡检应用中需使用图传系统；但固定翼无人机巡航速度快，难以从视频中实时看清所有通道隐患，因此不需实时回传高清视频，只需回传标清视频便于掌握无人机的飞行情况。对定量化巡检，如测量树线距离、交叉跨越等，可使用高清图片，结合后期图像处理技术，利用摄影测量的原理反演三维距离。对定性化通道巡检，如检测是否有违章建筑、施工活动等，采用高清视频检测即可。

因此，目前《输电线路固定翼无人机巡检系统技术规范书》对固定翼无人机巡检系统的巡检能力的技术要求为：

1）同时具备照相、摄像功能。

2）手动拍照，定点、定时和定距自动拍照，并在机上保存成像时飞机的地理坐标。成像质量能在作业真高200m时，识别航线垂直方向上两侧各100m范围内的0.5m×0.5m静态目标。

3）全程摄像。影像质量能在作业真高200m时，识别航线垂直方向上两侧各100m范围内的3m×3m静态目标。

根据前期集中测试结果，从技术上来说，目前国内现有固定翼无人机巡检系统基本能满足公司对固定翼无人机的应用定位。但通道巡检的具体需求有待明确，包括检测内容、巡检方式等，不同的需求配置不同性能的固定翼无人机。如班组应用可使用电动型固定翼无人机，续航时间1h，可巡检线路长度35km；对转角线路，可选择转弯半径小、机动性强的固定翼无人机。

各试点单位可结合自身的巡检需求，充分考虑配置单位、操作便捷性、续航时间、机动灵活性等因素，提报配置需求。可在不同试点单位配置不同类型的无人机，通过实际飞行总结应用效果。

此外，目前固定翼无人机定位于通道巡检和应急巡检，但公司系统内使用固定翼无人机巡检的单位较少，固定翼巡检的模式有待细化。不同的巡检需求可采用不同类型的固定翼；常规通道巡检可采用电动型固定翼无人机，巡航速度 70km/h，操作人员 1～2人；应急巡检可采用起飞重量更大的无人机，抗风性能更强。

（3）操作性和维修性。固定翼无人机的操作性主要技术指标为操作人员数量、系统展开时间和撤收时间，需满足的技术要求为：

1）系统配置简单，具备操作便捷性，操作人员不超过 3 人。

2）系统展开时间小于 20min，系统撤收时间小于 10min。

维修性的主要技术指标为更换全部电池、螺旋桨的时间，满足的技术要求为：系统维修简单、便捷，更换全部电池、螺旋桨的时间小于 10min。

前期集中测试表明，现有无人机的展开、撤收时间差异较大，总体来说，电动型固定翼无人机的展开、撤收时间少，操作人数少，如 KC1600 可单兵作业；油动型固定翼无人机操作人数相对较多，维护保养工作量大，复杂程度高。因此，建议增强固定翼无人机的操作性便捷性和可维修性要求，如部分机型可减轻弹射架的重量，增加可操作性。

4. 检测方法

从线路巡检应用需求出发，根据检测内容和技术要求，结合固定翼无人机巡检系统的特点，制定固定翼无人机巡检系统的检测方法。目前，由于试验手段欠缺、试验方法不够完善等原因，一是目前固定翼无人机的部分试验项目无法检测，如：通信性能无法检测；二是大部分试验项目的试验方法主要是试验人员通过目视检查的方法进行定性检验，试验条件不可控，试验结果易受外部环境和人为因素影响，试验结果重复性差。

因此，建议：一方面改造完善试验检测条件，试验检测环境条件可控，检测结果尽量可量化，避免环境因素对试验检测结果的干扰，试验检测结果评价标准化，避免人为因素影响；另一方面改进完善试验方法，如对于通信性能试验，后续可利用专业的测试平台，开展模拟测试环节，模拟通信信道环境，开展该项目测试。

5. 支撑能力建设

目前，国网山东省电力公司电力科学研究院牵头固定翼无人机巡检系统的试验检测工作，在山东省莱芜市雪野航空基地建设有固定翼无人机巡检系统试验场，如图 5-24所示。

下一步，将逐步建立和不断完善固定翼无人机的巡检技术标准体系、检验检测体系、培训体系等应用保障体系，为固定翼无人机巡检系统的推广应用打下坚实基础。

四、大、中型旋翼无人机巡检系统试验检测

大、中型旋翼无人机巡检系统的试验项目主要包括飞行功能类、通信功能类、安全策略、环境适应性类、电池类等，具体检测项目见表 5-9。

图 5-24　固定翼无人机巡检系统试验现场

表 5-9　　　　　　　　　　大、中型旋翼无人机巡检系统试验项目

序号	类型	检测项目或参数
1	飞行功能类	自检功能、任务编辑、自主起降、飞行模式及切换、三维程控飞行、最大平飞速度、巡航速度、最大使用高度、实用升限、最大巡航时间、最大起飞重量等
2	通信功能类	测控距离、图传时延等
3	安全策略	一键返航、链路中断返航、异常报警功能等
4	环境适用性类	高低温贮存、高低温工作、湿热、冲击、振动、低气压、温度冲击、加速度、温度-高度试验等
		电磁兼容试验
5	飞行性能类	最大平飞速度、巡航速度、最大使用高度、实用升限、最大巡航时间、测控距离、最大起飞重量
6	软件类	地面站和飞控系统等软件的软件测试（产品登记类）
7	电池类	充放电次数、不同温度下放电容量试验、安全性试验等

　　与小型旋翼无人机巡检系统不同，大、中型旋翼无人机巡检系统需重点测试的项目主要有两类，一是连接件紧固性，由于大、中型旋翼无人机的连接件较多，所有连接件、紧固件要求有防松措施，连接线应固定牢靠，布局合理，尽量不外露；二是图传时延，试点单位应用表明中型旋翼无人机巡检系统存在图传时延偏大的问题，为此提出了静态图像时延测试法：将手机秒表置于吊舱地面站显示屏幕旁边，吊舱接入无人机图传链路，镜头对准手机秒表，显示屏上显示的就是静态时延后的秒表读数，拍下照片后就可以进行数值对比，拍多张照片求平均值，就是无人机巡检系统的静态图传延迟时间。测试结果表明，图传时延问题主要因素是在无人机图传链路上，纵向比较上也不排除吊舱自身的时延也存在较大的差异；目前测试的是静态时延，但无人机起飞后的动态时延尚无法测试。

第三节 维 修 保 障 技 术

　　无人机应有专用的库房定点存放，并设专人负责管理。无人机班组人员负责简单维修及日常保养工作，及时发现设备存在的问题及隐患，当存在班组人员无法解决的问题时立即通知相应的厂家予以解决。做好无人机巡检系统日常维护、保养工作，确保无人机随时处于待飞健康状态。在每次飞行后，机组人员应对机体各部件进行详细检查，发现问题及时处理。除机本体外，必须做好其他设备（如机翼、油箱、工具箱、发电机等）的定置管理及日常维护。

　　中型旋翼无人机如长期不用，应定期启动一次，检查发动机的运转情况，如有异常及时组织调试和维修。对机载动力电池、机载摄像机、对讲机等需要定期充电的仪器设备进行充电，保证飞行时有足够的电量。

一、无人机存放要求

　　1. 存放区

　　存放区用于对无人机进行安全存放和展示。无人机巡检系统对于存放条件要求要高，有条件的单位应设置专用的无人机库房，用于无人机的存放及展示。应选择通风、干燥的场所，避免存放在高湿、高温环境。为了避免无人机系统元器件加速老化，用于展示的无人机巡检系统平时应装箱存放，只有当需要展示时，方从存储箱中取出。展示完毕后，应及时放入存储箱。展示的无人机要配有专门的展示牌，标明无人机的类型、型号、尺寸及主要技术参数。展示时需由专业技术人员讲解，重点介绍各机型的区别、性能特点及在电力巡检中的主要用途。对于电动型无人机的锂电池存放，应有专用的防爆储存箱，并配备消防灭火器。无人机所使用的油料应集中统一存放，避免火灾隐患。

　　2. 无人机维修室

　　维修室配备各类专业设备，主要用于开展无人机及相关配件进行日常保养、简易维修、故障排查等工作。无人机基地内所有工器具应定置存放、统一编号、专人保管、登记造册，建立试验、检修、使用记录，并及时更新各类记录。无人机的专业维修需要专用维修测试台架，而对于小型无人机保养只需要配备工作平台就够用了。如有条件可以配备维修专用电脑、锂电池测试仪、钳工用具、活动工具柜、无人机维修台架等设备，如图 5-25 所示。

二、旋翼无人机维护保养

　　维护保养以预防为主、定期检测、强制维护为原则，主要分为定期维护保养和不定期维护保养。定期保养又可分为日常维护、一级维护和二级维护，定期保养分类及作业项目和技术要求详见表 5-10。

图 5-25　维修室示例

表 5-10　　　　　　　　　　　　定期保养分类及作业项目和技术要求

保养项目	保养时间	作业项目	技术要求
日常维护保养	执行飞行任务前	机身、机臂、起落架、云台、电池及相关各附件	（1）整流罩、螺旋桨、起落架、机臂、电池组无变形、无裂缝。 （2）螺栓、卡扣、限位块紧固可靠。 （3）连接处、相机和云台上无异物
		摇杆、拨动开关、显示屏	（1）摇杆摇动时流畅且有稳定阻尼。 （2）拨动开关拨动流畅、无卡顿。 （3）显示屏显示清晰
		数据和图像信号链接、图传和数传天线	（1）GPS、图像、无人机数据等信号传输稳定无遗漏。 （2）地图载入正常、天线和地面中继站连接紧固可靠
	飞行中	飞行姿态、声音	（1）飞行中无人机姿态稳定。 （2）飞行中无人机无异响
	飞行任务结束后	机身、机臂、起落架、云台、电池及相关各附件	（1）整流罩、起落架、机臂、电池组无变形、无裂缝。 （2）螺栓、卡扣、限位块紧固可靠。 （3）连接处和云台上无异物。 （4）电池和电机无严重发烫
一级维护保养	飞行时长达到 30h 或时间达到一个月	电机、电池、电池充电器	（1）电机线圈上无异物附着。 （2）电机转动顺畅平稳。 （3）电池进行一次完整的充放电。 （4）电池充电器充电电流、电压稳定，充电时长无明显变化
二级维护保养	飞行时长达到 300h 或时间达到一年	无人机系统	该项建议由无人机厂家进行检测

1. 日常维护

定期保养中的日常维护主要指对执行飞行任务前后的保养，主要包括无人机的机身、机臂、起落架、云台、电池及相关个附件的检查。对手持遥控、地面站系统、无人机在空中飞行声音及姿态、飞行任务结束后对各个部件的检查、日常维护保养由操控人员完成。

日常维护周期为飞行前、飞行中和飞行任务结束后。依次检查为：

（1）飞行前的检查。

机体部件的检查：系统的整体结构、机臂已经固定好、系统的任何部件都没有出现裂缝、系统上面没有松脱的零件、起落架情况良好。

连接件的固定：起落架、负载、电池、螺旋桨、RC天线、视频接收机和其他配件。

飞行前检查清单：

1）路径及兴趣点已经正确规划好；

2）遥控器电池充满；

3）锂电池已经完全充满；

4）螺旋桨正确安装；

5）起落架固定好；

6）相机安装好在云台上；

7）数传和图传连接线都连接好；

8）装好电池后固定好；

9）上传地图；

10）系统的天线正确放置和固定；

11）地面站正常工作，没有干扰；

12）地面站显示的剩余电压足够用于飞行；

13）起飞点满足飞行相关的要求。

遥控器是需要特别注意的一个模块，是给飞行器下指令的途径。没有遥控器或者遥控器受到干扰都有可能使飞行器碰到周边物体。飞行前，遥控器检查的注意事项有：

1）确保遥控器的电池已经充满；

2）起飞前检查所有的指令信道都正常工作；

3）检查天线，天线不能有任何损坏，而且应远离干扰物品；

4）要特别注意轻放。

地面站是用户获取飞行器实际状态信息最重要的工具。要确保地面站的正常运作，需要注意以下几点：

1）给地面站供电的电池已经完全充满；

2）视频接收正常工作；

3）地面站不能混交液体或者粉尘；

4）检查天线的连接器和插座是否完好无损；

5）在长时间不使用时，确保电池电压在50%～75%进行保存，否则会减小电池的使用寿命。

电池：飞行前可以通过测量电池电芯电压，确认电池已经完全充满。电池放电到警报线下（查看电池标签）不仅会减少它得使用寿命，并且会增加出现意外的可能性。

锂电池不能与任何液体直接混交，在使用前必须保持干燥。同时需检查以下几项内容，确保电池没有问题：

1）本次飞行的电池电压是否比之前的飞行降得快；

2）电池的温度与包装上写的是否一致；

3）检查每块电池电芯的实际电压时，一到两块电芯的电压值与其他电池电芯的差异值超过 300mV，如放电后 3.3V 和 3.6V；

4）电池是否变形；

5）电池是否有化学剂的味道。

如出现以上情况，则需要更换电池。

（2）飞行中的检查。飞行过程中的检查项目包括：

1）GPS 卫星颗数；

2）GPS 精度；

3）电池电压；

4）定位质量；

5）图传质量。

（3）飞行任务结束后的检查。飞行任务结束后的检查项目包括：

1）检查、紧固、清除异物；

2）整流罩、起落架、机臂、电池组无变形、无裂缝；

3）螺栓、卡扣、限位块紧固可靠；

4）连接处和云台上无异物；

5）电池和电机无严重发烫；

6）系统里面没有水渗入；

7）电机里面没有雪或冰；

8）在湿度高的环境下飞行后，建议把飞行器放进箱子内（防止潮湿），飞行后，注意要把飞行器放到干燥的地方 2h 后才能装箱。

（4）以下情况出现时需进行返厂维修：

1）电机在飞行过程中特别的发热发烫，电机空转不流畅；

2）无人机在空中飞行姿态发生严重的姿态偏离，无人机在飞行过程中有异响；

3）无人机电池电芯电压差距超过了 300mV，需进行返厂检测；

4）无人机手持遥控器无法控制飞行器；

5）地面站设备无法显示飞行器技术指标及要求。

2. 视情维护

视情维护是指无人机系统在特殊环境（雨雪、沙尘、凝露、霜冻等）作业或存放的保养。不定期保养的作业项目和技术要求详见表 5-11。

旋翼无人机的常见故障及处理方法，见表 5-12。

表 5-11 不定期保养分类及要求

保养时间	作业项目	技术要求
沙尘天气执行飞行任务后	电机、云台及相关各附件	(1) 螺旋桨无裂缝和明显划痕。 (2) 电机线圈和云台转动轴无异物附着，相机镜头无异物遮挡
小雨、小雪、潮湿天气作业和存放时	电机、电池	(1) 电机旋转无异响。 (2) 电池放电时电流、电压稳定。 (3) 对电池做干燥处理
霜冻、强冷天气作业或存放时	电池	(1) 电池放电时电流、电压稳定。 (2) 对电池做保温处理

表 5-12 旋翼无人机的常见故障及处理方法

序号	硬件名称	常见故障	建议方法
1	螺旋桨	未正确安装或无法安装	参考系统安装说明进行重新安装
2	云台相机	无法开机	检查通信是否正常、电量是否充足
3	GPS模块	不能找到卫星	检查是否存在信号干扰
		没有电源指示	检查连接线是否正常连接
		无响应	检查遥控器模型是否选择正确
		通道方向相反	重新进行校正
4	地面工作站	没有遥测数据	检查数据链通路是否正常
			无人机与地面站是否距离太近（≤1m）
		没有图像信号	检查图像传输频率是否一致
			检查图像传输通路是否正常

三、固定翼无人机维护保养

1. 维修保养周期

维修保养周期见表 5-13。

表 5-13 维 修 保 养 周 期

序号	设备名称	主要检修内容	更换周期
1	机体结构	螺旋桨	每飞行 200h 或缺损
		机体外壳	每飞行 600h 或缺损
		起落架	缺损
		金属整流锥	缺损
		油箱	缺损
2	发动机	发动机	每飞行 500h 或缺损
		火花塞	每飞行 150h 或缺损
		点火器	每飞行 150h 或缺损
		化油器	每飞行 150h 或缺损
3	飞控设备	飞控	缺损

续表

序号	设备名称	主要检修内容	更换周期
4	伺服机构	油门舵机	每飞行 200h 或缺损
		机翼舵机	每飞行 200h 或缺损
		伞仓舵机	每飞行 200h 或缺损
5	供电系统	电池	每充电、放电 500 次或缺损
6	地面站	软件	
		硬件端口连接	
7	弹射架	皮筋	每 80 次弹射或破损
		弹射小车	破损

2. 不同部件的检查列表

表 5-14 列出了无人机系统的具体检查项目、检查内容或要求，帮助使用者在无人机系统的使用和维护的过程中，较为容易地监视和测量整个系统的状态。

表 5-14　　　　　　不同部件及设备的检查项目、检查内容或要求

设备	检查项目	检查内容或要求
地面站监控站设备	线缆与接口	检查线缆无破损，接插件无水、霜、尘、锈、针、孔，无变形，无短路
	监控站主机	放置应稳固，接插件连接牢固
	监控站天线	数据传输天线应完好，架设稳固，接插件连接牢固
	监控站电源	正负极连接正确，记录电压数值
任务设备	镜头	镜头焦距须与技术设计要求相同，镜头应洁净
	对焦	设置为手动对焦，对焦点为无穷远
	快门速度	根据天气条件和机体振动情况正确设置，宜采用快门优先或手动设置
	光圈大小	根据天气正确设置，F 值不应小于 5.6
	拍摄控制	应选择单张拍摄模式
	感亮度	根据天气条件正确设置
	影像品质	影像品质设置正确，宜选择优
	影像风格	影像风格选择正确，包括锐度、反差、饱和度、白平衡等
	日期和时间	相机设置的日期，时间应正确
	试拍	连接电池和存储设备，对远处目标试拍数张，检查影响是否正常
	电量	检查相机电量是否充足
	清空存储设备	相机装入机舱前，应清空存储设备
飞行平台	机体外观	应注意检查机身，机翼，副翼，尾翼等有无损伤，修复过的地方应重点检查
	连接机构	机翼，尾翼与机身连接件的强度，限位应正常，连接结构部分无损伤
	执行机构	应逐一检查舵机、连杆、舵角、固定螺丝等有无损伤，松动和变形
	螺旋桨	应无损伤，紧固螺栓须拧紧，整流罩安装牢固
	发动机	零件应齐全，与机身连接应牢固，注明最后一次维护的时间
	机内线路	线路应完好，无老化，各连接插件连接牢固，线路布设整齐，无缠绕
	机载天线	接收机、GPS、飞控等机载设备的天线安装应稳固，接插件连接牢固
	空速管	安装应牢固，胶管无破损，无老化，连接处应密封
	飞控及飞控舱	各接插件连接牢固，线路布设整齐无缠绕，减震机构完好，飞控与机身无硬性接触
	相机及相机舱	快门接插件连接牢固，线路布设整齐无缠绕，减震机构完好，相机与机身无硬性接触

设备	检查项目	检查内容或要求
飞行平台	降落伞	应无损伤，主伞、引导伞叠放正确，伞带结实无老化
	伞舱	舱盖能正常弹起，伞舱四周光滑，伞带与机身连接牢固
	油箱	无漏油现象，油箱与机体连接应稳固，记录油量
	油路	油管应无破损，无挤压，无折弯，油虑干净，注明最近一次油虑清洗时间
	起落架	外形应完好，与机身连接牢固，机轮旋转正常
	飞行器总体	重心位置应正确，向上提伞是无人机离地，模拟伞降，无人机落地姿态应正确
燃油,电池	燃油	确认汽油，机油的标号及混合比符合要求，汽油无杂质
	机载电源	机载电池（包括点火电池、接收机电池、飞控电池、舵机电池等）装入无人机之前，记录电池的编号、电量，确认电池已充满，电池与机身之间应固定连接，电源接插件连接牢固
	遥控器电源	记录电池的编号，电量，确认电池已充满
弹射架	稳定度	支架在地面的固定方式应因地制宜，有稳固措施，用力晃动测其稳定性
	倾斜度	前后倾斜度应符合设计要求，左右应保持水平
	完好性	每节滑轨应紧固连接，托架和滑车应完好
	润滑性	前后推动滑车进行测试，应顺滑，必要时应涂抹润滑油
	牵引绳	与滑车连接应牢固，应完好，无老化
	橡皮筋	应完好，无老化，注明已使用时间
	弹射力	根据海拔高度，发动机动力，确定弹射力是否满足要求，必要时测试拉力
	锁定机构	用手晃动无人机机体，测试锁定状态是否正常
	解锁机构	应完好，向前推动滑车，检查解锁机构工作是否正常
通电检查	监控站设备	地面监控站设备运行应正常
	航线规划数据	检查规划数据是否正确，包括调取的底图，航路点数据是否符合计划航拍区域，整个飞行航线是否闭合，各航路点相对起飞点的飞行高度，单架次航线总长度，航路点（重点是起降点）的制式航线，曝光模式（定点，定时，等距），曝光控制数据的设置
	数据传输系统	地面监控站至机载飞行控制系统的数据传输，指令发送正常
	信号干扰情况	舵机及其他机载设备工作状态是否正常，有无被干扰现象
	遥控器	记录遥控器的频率，所有发射通道设置正确，遥控通道控制正常，各舵面响应（方向，量）正确，遥控开伞响应正常，遥控器的控制距离正常
	飞控系统	检查PID参数，GPS定位，卫星失锁后的保护设置，检查机体静态情况下的陀螺零点，转动飞机（航向，横滚，俯仰），观察陀螺，加速度计数据的变化，检查高度，空速，转速传感器的工作状态，启用应急开伞功能
	数据发送与回传	将设计数据从监控站上传到机载飞控系统，并回传，检查上传数据的完整性和正确性，上传目标航路点，回传显示正确，上传航路点的制式航线，回传显示正确
	控制指令响应	发送开伞指令，开伞机构响应正常，发送相机拍摄指令，相机响应正常，发送高度置零指令，高度数据显示正常
启动发动机后	飞控系统	在发动机整个转速范围内，飞控各项传感器数据跳动在正常范围内
	发动机响应	大、小油门以及风门响应线性度正常，发动机工作状态正常，无异常抖动
	发动机风门	发动机风门最大值，最小值，停车位置设置正确
	转速	转速显示正确，用测速表测最大转速并记录，最大转速应与标称值相符
	舵面中立	各舵面中立位置正确，否则用遥控器调整
	发动机动力	发动机动力随海拔高度，使用时间而变化，根据需要进行拉力测试
	停车控制	监控站停车控制正常，遥控器停车控制正常

续表

设备	检查项目	检查内容或要求
机载设备	机载天线	检查接收机、GPS、数传等机载设备的天线有无损伤，接插件有无松动
	飞行控制设备	检查飞控有无损伤，接插件有无松动，检查减震机构位置有无变化，有无变形
	任务设备	检查任务设备有无损伤，位置有无变化，接插件有无松动

四、无人机常用设备的维护保养注意事项

1. 动力电池

由于电池内化学物质的属性，任何一种电池都有寿命，寿命的长短与电池的品质、出厂时间及日常维护使用有密切关系。对无人飞行器来说，电池是一种耗材。

锂电池组是由一定数量的长方形电芯相互叠加而成的，电池表面有 1250、2000、2850mAh、2S2P 和 2S3P 等标记。1250、2000、2850 是电池以 mA 为单位的容量，高容量值意味着更长的使用时间，2S2P 是指 2 个电芯并联，2S 表示 2 个电芯串联，1 个电芯 3.7V。而 2P 则指 2 个电芯并联从而达到更高的容量，再加上 1 个电芯并联则会再次提高电池的容量，

TX（发射器）和 RX（接收器）的电池是尺寸不一样，并有不同的容量需求和不同的电压要求的。一般地说，RX 电池是 2 芯，7.4V，1100～1800mAh 或更高容量的电池。而 TX 电池则是 11.1V，重要的是，不可以放 11.1V 的电池在接收器上，否则会损坏接收器。当然，市场上有些接收器不能适用于 7.4V 的电池，为了不损坏接收器，就必须使用电压调节器，一般的接收器最多接受 6V 的电压。

锂电池会有一个平衡的平台（平衡器）或者是一个平衡充接口，平衡器能使电芯间的电压相等，防止电池过充过放。在充电前，需仔细阅读生产商的说明。

如果在高于规定的操作温度（35℃）环境中使用，锂电池的电量将会不断地减少，即电池的供电时间会缩短。如果在这样的温度下，还要为设备充电，那对电池的损伤将更大。即使是在较热的环境中存放电池，也会不可避免的对电池的质量造成相应的损坏。所以，尽量保持在适宜的操作温度是延长电池寿命的好方法。如果在低温环境（4℃以下）中使用锂电池，使用时间同样也减少了，在更低温环境中甚至充不上电。但是，一旦温度升起来，电池中的分子受热，就马上会恢复到以前的电量。电池仅能在室温条件下工作和储存，所以如果气温太低，请保证电池在使用前放到室温（20～40℃）条件下最少 3h。温度低的电池电压会突然下降，并可能导致飞行器摔机。避免把飞行器长时间暴露在阳光下，否则电子的温度规格和电池将会溢出并导致功能异常。锂电池充电电量、储存温度与性能下降的关系见表 5-15。

表 5-15   锂电池充电电量、储存温度与性能下降的关系

充电电量	储存温度 0℃	储存温度 25℃	储存温度 40℃	储存温度 60℃
40%～60%	2%/年	4%/年	15%/年	25%/年
100%	6%/年	20%/年	35%/年	80%/6 月

理论上一个锂电池的寿命一般为 300~500 个充电周期。但实际情况并不能真正做到，每完成一个充电周期，充放电性质就会下降一点。不过，每次减少幅度非常小，高品质的电池经过多次充放电周期后，仍然会保留原始电量的 80%，这个过程会维持一段时间，但随后会大幅下降。正确的使用可以延长使用寿命，过放电是最大的危险，对于锂电池来说过放电是致命的，一块电池也许过放电 2 次就终结了，所以最好是浅放浅充，这样对于锂电更有益处，如无必要，不建议过度放电。平时维护方法有：

（1）"不过充"。这个对于充电器有要求，有些充电器在充满以后的断电功能不完善，导致单片电池充满到 4.2V 还没有停止充电，另外，有些充电器使用一段时间以后，因为元器件老化，也容易出现充满不停止的问题，因此，锂电池充电的时候一定要有人照看，当发现充电时间过长时，要人工检查充电器是否出现故障，如果出现故障要尽快拔掉电池，否则锂电池过充的话，轻则影响电池寿命，重则直接出现爆炸起火。

（2）"不过放"。电池的放电曲线表明，刚开始放电时，电压下降比较快，但放电到 3.7~3.9V，电压下降不快。因此，飞完后检查，即便是同样的 3.7V，放电容量是不一样的。拿 2200mAh 的电池来说，放电完毕后冲入 8898（16：45：56）：1600mAh 为极限，如果超过 1600mAh，则对电池的寿命影响很大。一般飞完后每块电池只放掉 1300~1600mAh 的容量。这样的放电方法，电池的寿命会相对长。有些人因为电池较少，所以每次飞都会过放，这样会缩短电池寿命。每次少飞 1min，寿命就多飞一个循环。不要把电池飞到超过容量极限。另外，要充分利用遥控器的定时器功能来保护电池，定时器时间报警声响起，就应尽快降落。

（3）"不满电保存"。很多人会忽视这个原则。充满电的电池，不能满电保存超过 3 天，如果超过一个星期不放掉，有些电池就直接鼓包了，有些电池可能暂时不会鼓，但几次满电保存后，电池会直接挂掉。因此，正确的方式是准备飞之前才充电，如果因各种原因未飞，也要在充满后 3 天内找时间把电池放电到 3.9V。如果电池长久不用，要将电池放电到单片 3.85V 的保存电压。

（4）"不损坏外皮"。电池的外皮是防止电池爆炸和漏液起火的重要结构，锂电池的铝塑外皮破损将会直接导致电池起火或爆炸。因此，如果是处于练习阶段的用户，应该对自己的电池做一些适当的保护措施，比如在电池的头部包裹几层泡沫塑料，使用加长型的电池架等，防止头朝下摔机时，电池直接撞到硬物而破损外皮。另外，电池的扎带也很重要，在摔机时，电池不要因扎带不紧而摔到飞机外面，这样也很容易造成电池外皮破损。

（5）"不短路"。这种情况往往发生在电池焊线维护和运输过程中。短路会直接导致电池打火或者起火爆炸。当发现使用过一段时间后电池出现断线的情况需要重新焊线时，特别要注意电烙铁不要同时接触电池的正极和负极。另外在去飞场运输电池的过程中，最好的办法是每个电池都单独套上自封袋，防止运输过程中，因颠簸和碰撞导致某片电池的正极和负极同时碰到其他导电物质而短路。

2. 充电器

进行充电操作时首先把配线连接好，然后再接电池，以避免与电源板的短路。断开时需逆序操作。在使用过程中应注意：

（1）不要尝试充不相容的电池组，这会给电池与充电箱带来永久性的伤害。

（2）不要用超过规定的电池节数或总电压。

（3）不要挡住空气进入风扇，这会导致充电箱过热。

（4）不要在过热和过冷的环境或者阳光直射的条件下使用，不要把充电箱或电池放于易燃物上或易燃物附近，远离地毯、混乱的物体等。

（5）在充电过程中如果电池变热或者开始膨胀请结束充电。

3. 地面站

当未使用一体化地面站时，以及在运输过程当中，请将一体化地面站置于有保护性的包装箱中，并保持干燥。一体化地面站打开时避免接触到液体，一体化地面站结露时不要开机。一体化地面站结合了液晶显示器，请不要扔放、敲打或振动一体化地面站及其配属对象，并注意防静电以免造成损坏。

4. 通信设备

每次使用前注意检查电池电量。通信盒在正常使用时会发热，为了延长使用寿命，使用过程中尽量放置在散热良好的环境中，同时避免强烈振动。避免短时间频繁开关通信盒的电源，否则容易导致通信盒损坏。使用完成后必须使用配备的专用充电器充电，否则可能会损坏电池及电子元器件，充电时间请勿超过24h，长时间充电会增加电池和充电器损坏的概率。存放时请确认电源开关处于断开状态，请将所有接口盖上防尘盖，存放环境要干净，无太多尘埃，避免烟雾、受潮和雨淋。长期不使用时，请将通信盒放掉一部分电（建议放到三格电量），尽量避免电池满电长期存放。

5. 降落伞

严格按照不同机型的规范叠放降落伞。在叠放中需检查主伞绳有无缠绕、断裂，如有断裂需更换；检查主伞有无破损，引导伞伞绳有无缠绕、断裂，伞面有无破损，伞面如有破损需更换；引导伞与主伞连接是否牢固，引导伞与伞舱盖是否牢固。

6. 弹射器

弹射器使用时需注意不能暴淋暴晒，如使用皮筋弹射，则不能让皮筋接触到锋利物，以免割伤皮筋；勤检查登山扣、连接绳确保无磨损，如果有磨损一定要及时更换。弹射架的小车在使用前要仔细查看是否有螺丝松动、结构件松动的情况，若有请务必上紧，如果松动，弹射架的弹力会对小车的松动部件造成损伤，弹射架的前支撑腿一定要卡死，否则弹射架的弹力易会造成支撑腿损伤。

7. 设备储放注意事项

设备储放中应注意防潮、防雨、防尘、防日晒，易受温度影响的设备，根据其性能指标采取防高温和防低温措施。数码相机、电池、电脑等易受潮湿影响的设备，其包装箱内放置防潮剂。当长时间不使用无人机时，需要在干燥防尘的环境中进行保存，避免长时间置于潮湿空气中造成电路侵蚀，同时应定期（最长不超过1个月）通电、驱潮、维护、保养，并检测设备工作是否正常。长时间封存后，如若再次使用，需对每个电机的轴承处滴加润滑油，以补充封存时挥发掉的轴承润滑油。

五、无人机维修

1. 严重的硬着陆或坠毁情况下的维修

如果飞行器经历了一次非常严重的硬着陆或撞击，按表 5-16 的要求检查是否有损坏。

表 5-16 　　　　　　　　　严重的硬着陆或坠毁情况下的维修要求

检查项目	维修要求
电池	任何发生在外壳上的破损，或漏液的迹象，表明必须对电池进行废弃处理的准备
螺旋桨	检查螺旋桨臂是否有裂纹或损坏，螺旋桨是否有缺口或裂缝，扭曲螺旋桨叶片，观察前缘是否脱落。如果在螺旋桨臂或螺旋桨上发现任何毁坏，用备用螺旋桨臂更换，并将毁坏的部件进行维修或更换。更换时注意正反桨的区别，螺丝要拧紧。更换完成后需要怠速及缓慢推油测试其平衡性
摄像机	使用手动摄像机控件向上或向下调整摄像机的俯仰
飞行器起落架	飞行器起落架检查腿的中度或严重裂缝。打开机盖，使用工具包内的内六角扳手和 M3 套筒扳手，将旧起落架拆下，再将新起落架装上。拆装时应注意螺丝孔位的对齐程度、拆装螺钉时应优先上好一条对角线上的螺钉
控制系统及动力系统	此类的损坏需要返厂或专业维修人员根据损坏的部件进行更换维修，无人机需要重新调试方可使用

2. 舵机维修

故障后舵机电机狂转、舵盘摇臂不受控制、摇臂打滑，则可以断定齿轮扫齿了，需换齿轮。故障后舵机一致性锐减，现象是炸坏的舵机反应迟钝，发热严重，但是可以随着控制指令运行，但是舵量很小、很慢，基本断定舵机电机过流了，需换舵机电机。

故障后舵机打舵后无任何反应，基本确定是由舵机电子回路断路、接触不良或舵机的电机、电路板的驱动部分烧毁导致的，先检查线路，包括插头、电机引线和舵机引线是否有断路现象，若没有，就进行逐一排除，先将电机卸下测试空载电流，如果空载电流小于 90mA，则说明电机是好的，那问题绝对是舵机驱动烧坏了，9～13g 微型舵机电路板上面就有 2 个或 4 个小贴片三极管，可换掉，有 2 个三极管需用 Y2 或 IY 代换，即 SS8550，如果是有 4 个三极管的 H 桥电路，则直接用 2 个 Y1（SS8050）和 2 个 SS8550 直接代换。

维修好舵机后通电，发现舵机向一个方向转动后就卡住不动了，舵机"吱吱"响，说明舵机电机的正负极或电位器的端线接错了，倒换电机的两个接线即可。

故障舵机不停地抖舵，排除无线电干扰，动控摇臂仍旧抖动的话，电位器老化，换之，或直接报废掉作为配件。

3. 机身维修

机壳擦伤或被尖锐异物戳穿在不影响机壳强度的情况下需自行修复，修复方法如下：

（1）机壳轻度擦伤，外壳无裂痕的，只影响外观。用砂纸打磨擦伤处，用丙酮擦洗，补灰喷漆。

（2）机壳破损有裂痕，不影响强度。用砂纸打磨破损处，用丙酮擦洗，玻璃布加胶水涂抹。

（3）情况严重的，如折翼、有折痕的。用砂纸打磨破损处，用丙酮擦洗，玻璃布加胶水涂抹。无法回复到出厂属强度破损的，必须更换。

4. 更换维修

由于无人机属于高风险作业，故其零部件都是以换代修，确保飞行安全的同时，也降低的维修人员的维修难度。

（1）更换云台。打开机盖，拔掉接收机上的控制线路，拔掉云台的供电线，将线路全部通过无人机底部的孔转移到机身下。使用工具包内的专用工具拆掉云台固定板上的固定螺帽后，换上新云台并紧固。将新云台上的所以线路通过空位穿回机身内部，打开机盖，按原来的插接方法将线路插接回去。

（2）更换电调。电调位于每个旋翼无人机下的电机座下方，更换时需事先备好新电调、剪刀、电烙铁、焊锡丝、热缩管、热风枪等工具，取出电调，剪开热缩，用烙铁线焊掉 1 根，再将这根焊到新电调上，套上热缩管，用热风枪将热缩管缩紧后装回原位。

（3）更换电机。取下电调，使用专用工具将电机在电机座上的固定螺钉取下，更换上新电机并紧固，将旧电调与电机的连线焊接上去即可

（4）更换遥控器。拿到新的遥控器将其接收机替换无人机内的旧接收机，将旧接收机上的线依次接在新接收机上，将遥控器与新接收机进行对频，并对各控制通道进行核对。

第四节　无人机巡检作业管理规范

利用无人机开展架空输电线路巡检作业到目前为止尚处于探索阶段，还没有达到运用自如的地步，为确保无人机巡检作业安全、高效地展开，必须建立一套科学、有效地作业管理机制，用来规范无人机巡检作业。无人机巡检作业管理的内容包括对无人机专业班组的管理、对日常巡检工作的管理、对应急巡检作业的管理，以及对巡检作业周期的管理等。

一、无人机专业班组

输电线路运维管理部门需建立无人机专业班组开展巡检作业，无人机专业班级包括班长、副班长、技术员（安全员）、操作员、维修员等岗位人员，明确各类人员的职责，并按标准化班组要求建立安全生产责任制等班组管理制度。对于其他拥有无人机巡检系统但专业人数不足的输电运维班组，可先采用柔性班组建制，待人员满足条件后转为专业班组。通过无人机专业班组的建立，逐步将无人机巡检管理工作进一步

专业化。

无人机专业班组的主要职责：

（1）负责组织贯彻上级有关规定、制充、标准。

（2）负责组织本单位无人机巡检方案的编制和实施。

（3）负责组织开展无人机巡检系统的效果分析，简单缺陷和事故处理、异常统计分析。

（4）负责按照无人机巡检系统作业指导书编制相关机型操作卡（票）。

（5）负责建立健全无人机作业班所需的无人设备台账、飞行作业台账、无人机维修养护台账等，形成详细资料并妥善保管，为各项工作做好数据积累，便于分析研究。

（6）负责收集、整理无人机缺陷和问题，反馈相关厂家，配合厂方做好无人机大修、升级工作。

（7）负责整理、归档无人机巡检作业报告及相关影像资料，随时备查。

（8）负责做好无人机的维护、保养工作，保证无人机巡检系统状态正常。

（9）负责管理和使用无人机专用仓库、检修室、训练室。

（10）负责管理班组安全工器具、仪器仪表、备品备件和无人机巡检系统专用车辆，并做好定期检查工作。

二、日常巡检作业管理

加强无人机巡检效果进行评估，形成巡检工作分析报告档案，积累无人机巡检经验，实现无人机巡检作业从量到质的转变，不断完善无人机的巡检范围和巡检内容，提高无人机应用的实用化水平。具体巡检范围和巡检内容见表 5-17 和表 5-18。

表 5-17　　　　　　　　　　旋翼无人机巡检范围和巡检内容

序号	巡检项目	巡检范围	巡检内容
1	例行巡检	较高杆塔（超过 80m 以上）、人工巡视无法到达、山区、重要交叉跨越、已产生缺陷的线路区段	绝缘子、金具、导线、地线、附属设施等设备及通道的日常巡检；对人工发现缺陷的精细化检查
2	特殊区域巡检	污染严重、易覆冰、易舞动、易雷击、鸟害等特殊区域，水塘内杆塔	根据输电线路"二十四节气"运行管理手册要求开展特殊区域巡检；绝缘子污秽情况；覆冰警戒期间线路积雪结冰情况；易发生舞动区域线路连接部位情况；汛期、洪水季节检查水塘内杆塔基础情况
3	故障巡检	线路故障区段	雷击、外力破坏时绝缘子、金具、导线、地线闪络和损坏情况
4	新设备验收	新建、技改线路	新建杆塔绝缘子、金具、导线、地线设备验收；新设备抽检复验
5	隐患排查	地线、OPGW	地线、OPGW 本体和金具锈蚀情况，连接部位情况

续表

序号	巡检项目	巡检范围	巡检内容
6	保供电特巡	保供电线路	保供电线路绝缘子、金具、导线、地线运行情况，通道现场情况
7	其他巡检	导、地线有异物的线路	导线、地线上异物缠绕情况

注　输电线路"二十四节气"为：

一月小寒接大寒，防冰监控在高山，覆冰风振要留心，全面特巡保节安。
二月立春雨水连，两节保供紧安排，特殊区域特殊巡，通道清理放在前。
惊蛰春分在三月，鸟类活动多地见，土松水审防采空，检修巡视都要严。
清明谷雨四月天，山火监控最当先，植树造林勤联络，施工现场把安全。
五月立夏和小满，外力鸟害最是难，结合春检回头看，全面整治除隐患。
六月芒种夏至连，各项测试是重点，雷电活动频繁至，防洪防汛要提前。
七月大暑和小暑，交跨地段看弛度，安全距离要严控，多种巡检查不足。
立秋处暑八月间，高峰负荷没有减，导线接头温差大，接续测温摆在前。
九月白露接秋分，线下防护不能松，安全技能人人会，多人防备技术攻。
寒露霜降十月间，全面整治切莫闲，水域周边补鸟刺，措施到位须做全。
立冬小雪十一月，防污校核测试点，绝缘配置底数清，防护计划排在先。
大雪冬至迎新年，铁塔螺栓受考验，天冷冰冻导线紧，舞动风偏要护全。
一年到头春又至，科学有序排综治，依照节气防护歌，全面落实不能迟。

表 5-18　　固定翼无人机巡检范围和巡检内容

序号	巡检项目	巡检范围	巡检内容
1	例行巡检	输电线路全通道	杆塔、导线、地线等设备及通道的日常巡检。重点检查外破和违章建筑
2	新设备验收	新建、技改线路	新建线路通道情况
3	灾后特巡	输电线路受灾区段或已知的线路故障区段	重点检查杆塔、导线、地线有无倒塔、断线，冬季检查有无严重覆冰
4	灾情普查	受灾地区	对受灾地区开展网格化巡检，确定电网受损情况
5	保供电特巡	保供电线路	保供电线路及通道现场情况
6	防山火特巡	山区输电线路	搭载可见光或红外设备对输电通道进行火源点巡查
7	施工督查	基建施工或改造线路	施工进度及人员作业情况

三、应急巡检作业管理

当发生应急情况时，依据事件严重程度，确定是否进入应急状态。当接到黄色预警时，无人机班组应进入应急状态，根据工区的任务分配，做好相关的技术资料整理及无人机准备，安排专人应急值班，做好随时赶赴现场作业的准备。当接到红色预警时，应立即在第一时间赶赴现场开展无人机应急作业。

若应急巡检作业所使用无人机为燃油动力的，还需同时启动山林防火预案，准备好灭火器材，预防因无人机故障而造成的次生灾害发生。

当无人机作业人员完成应急巡检后，应及时汇报巡检结果。

四、巡检作业周期管理

输电线路人工巡视根据输电线路设备状况、沿线地形地貌、特殊区域、危险点等不同特点和不同季节，对每条线路的不同区段制定1周至4个月不同的巡视周期，实施状态巡视周期。

有人直升机输电线路精细化巡检具有弥补人工巡视无法看清杆塔上部的线路状况的特点，可以加强对绝缘子类、金具类、导线类、地线类的缺陷巡查，但由于巡检费用较高且需提前1年开展空域审批，巡检计划性较难确定，通常对特高压交直流线路和重点跨区500kV交直流输电线路1年开展1次巡检作业。

旋翼无人机对输电线路本体导线、地线（光缆）、绝缘子、金具、杆塔、基础、附属设施、通道走廊等所有外部可见异常情况和缺陷的细致巡检工作，检测精度应达到销钉级，且其机动性强、效率高，可作为人工及有人直升机巡视的补充。固定翼无人机通道巡检的主要对象是线路走廊内的树木、违章建筑物、线路本体的断股、倒塔、盗窃等较容易发现的缺陷和异常，可作为人工巡视的补充。

综合人工巡视、有人直升机、无人机的巡视特点和输电线路的重要性，无人机巡检作业周期建议如下：

（1）特高压交直流线路和重点跨区500kV交直流输电线路，每年至少开展两次及以上有人直升机或旋翼无人机精细化巡视，替代人工状态巡视，其余仍按照人工状态巡视周期，平地地形的输电线路采用人工方式，山区地形的输电线路采用人工巡视与固定翼无人机交替的方式开展巡视。

（2）对于500kV省级重要输电线路，每年至少开展1次及以上有人直升机或旋翼无人机精细化巡视，替代人工状态巡视，其余仍按照人工状态巡视周期，平地地形的输电线路采用人工方式，山区地形的输电线路采用人工巡视与固定翼无人机交替的方式开展巡视。

（3）对于其他线路，仍按照人工状态巡视周期，平地地形的输电线路采用人工方式，山区地形的输电线路采用人工巡视与固定翼无人机交替的方式开展巡视。

有人直升机、无人机、人工协同巡检可以形成功能互补、协同工作的多维度智能巡检作业体系。三种巡检模式相辅相成，同时也可实现输电线路缺陷、隐患的三种巡检模式结果的纵向比较，最终达到资源共享，提高输电线路运检质量、效率和效益。

第五节 异常情况处理

异常情况也称为特情，是指飞行器在执行飞行任务过程中因天气、机械、操作等原因引起的飞行器失联、失控等危险情况。异常情况处理也叫特情处置，是指当飞行器发生特情时采取的应急处置措施，最大限度的确保人身、装备、财产安全。在架空输电线路无人机巡检作业中的异常情况通常包括天气异常、设备异常、人员异常等方面。

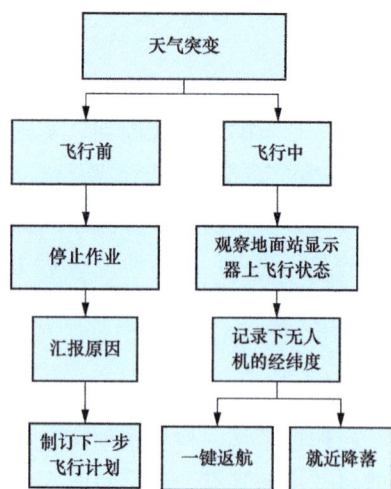

图 5-26　天气异常情况处理流程

一、天气异常

通常在无人机巡线作业前应全面掌握作业期间、作业区域气象情况，当作业区域天气突变时（如突发的大风、雷阵雨、冰雹、大雪等），应及时采取措施控制无人机巡检系统避让、返航或就近降落，以确保输电线路、操作人员和无人机装备的安全，流程如图 5-26 所示。

天气异常出现的时机不同，处置的方法与流程也不相同。当天气变化出现在飞行前时，应立即停止作业，上报飞行计划终止原因，并制定下一步的飞行计划。当天气突变发生在飞行作业过程中时，应及时掌握飞行器的状态，控制无人机的稳定，并视情采取一键返航或就近着陆。

二、设备异常

设备异常通常是由于机械原因设备故障引起的无人机故障，当无人机发生故障时应判明故障情况，分别采取相应措施对无人机实施控制，最大限度地减少损失。

1. 螺旋桨失速或失去动力

在视野范围内，固定翼无人机失速或失去动力，操作人员应立即关闭发动机，然后点击开伞，待飞机着陆后对无人机机体和机载设备进行检查。旋翼无人机在空中飞行时出现失去动力等机械故障时，应尽可能控制其在安全区域紧急降落，降落地点尽量远离周边军事禁区、军事管理区、人员活动密集区、重要建筑和设施、森林防火区等。

在视野范围外，固定翼无人机失速或失去动力，操作人员应立即关闭发动机，然后点击开伞，根据位置追踪仪进行截屏，确认具体经纬度坐标，初步确定无人机的位置。工作负责人联系当地电力主管部门，说明事件基本信息，安排搜寻计划，立即对无人机进行回收。待搜索完毕后，对无人机机体和机载设备进行检查，处理流程如图 5-27 所示。

对于失速或失去动力的情况，工作负责人要认真分析原因，形成文本材料，如果是硬件设备原因，应及时维修整改；如果是操作原因，应加强培训教育。

2. 通信干扰或中断

无人机的遥控器依靠发射无线电波给接收机来控制飞机飞行，自驾仪和地面站之间靠无线电波进行相互通信，GPS 也靠无线电波获取数据，但是来自外界的杂波信号仍然有可能在瞬间或短时间干扰到这些设备的正常工作。无人机飞行时，若通信链路长时间中断，且在预计时间内未按预定安全策略返航，应及时上报并根据掌握的无人机最后地理坐标位置或机载追踪器发送的报文等信息组织寻找。

对于舱内设备的不恰当安装和复合材料（尤其是碳纤布）的大量使用，可能造成电磁兼容不良的，应进行舱内设备整改。出现电磁干扰时，要认真分析原因，逐一查找，全面整改。

3. 机体或线路设备损坏

旋翼无人机因意外或失控撞向杆塔、导地线等造成线路设备损坏时，工作负责人应立即将故障现场情况报告分管领导及调控中心。为防止事态扩大，应加派应急处置人员开展故障巡查，确认电网设备受损情况。

无人机机体造成损伤的，应首先对无人机进行断电，然后对无人机内设备进行检查，最后根据破损情况对无人机进行修复或部件更换。

4. 轨迹偏离

当无人机出现姿态不稳、航迹偏移大、链路不畅等故障时应及时修正舵向，调节速度、高度，恢复通信链路，若长时间无法恢复正常，程控手应立即采取措施控制无人机返航降落，操控手应配合程控手完成降落。待查明原因，排除故障并确认安全后，方可重新放飞执行巡检作业，否则应中止本次巡检作业。紧急情况时，程控手汇报后，由操控手决定是否手动接管无人机。

5. 坠机处理

发生事故后，应在保证安全的前提下切断无人机所有电源。应妥善处理次生灾害并立即上报，及时进行民事协调，做好舆情监控。工作负责人应对现场情况进行拍照记录，确认损失情况，初步分析事故原因，撰写事故总结并上报公司有关部门。

作业现场引发起火后，巡检人员应马上采取措施灭火，火势无法控制时，应优先保障人员安全，迅速撤离现场并及时上报。

旋翼无人机在通信畅通下发生故障坠落时，工作负责人应立即汇报工作许可人，并根据坠毁前的经纬度就地组织机组人员追踪搜寻旋翼无人机，处理流程如图 5-28 所示。

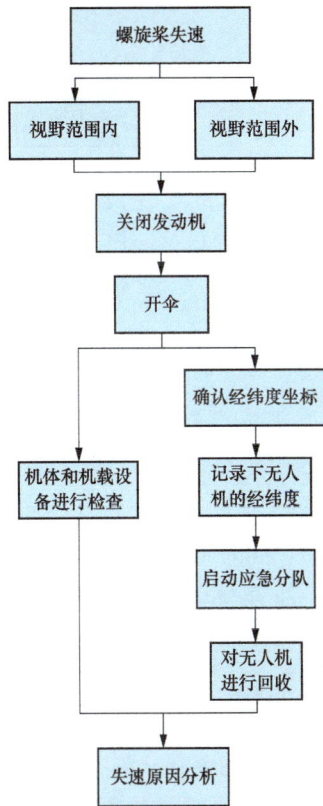

图 5-27　螺旋桨异常处理流程

三、人员异常

人员异常情况主要是指无人机操作人员在操作过程中受到外力伤害，或者自身健康原因，导致不能继续操控无人机执行巡线任务的情况。

1. 旋翼无人机或细小部件等异物刺入

工作人员如被扎伤，应立即停止活动，原地休息或由他人员协助转移至安全地点休息，向小组工作负责人汇报。同时应进行前期处理：检查异物大小、刺入的位置、深浅及是否伤及重要组织器官。

细小异物刺入，在拔除后应轻轻挤压伤口周围，挤出少量血液以清除伤口内的污物，尽快清创消毒。较大异物刺入，严禁拔出。同时在包扎和搬运时避免碰撞或压迫异物。用指压止血或干净纱布覆盖伤口，用简易硬担架送往交通便捷地区并拨打 120 急救

```
                        ┌──────────┐
                        │ 坠机处理 │
                        └──────────┘
         ┌──────────────────┼──────────────────┐
    ┌─────────┐       ┌────────────┐      ┌─────────┐
    │ 坠机伤人 │       │坠机砸到设  │      │ 坠机起火 │
    └─────────┘       │  施设备    │      └─────────┘
         │            └────────────┘           │
    ┌─────────┐    ┌────────┐ ┌────────┐  ┌────────┐ ┌────────┐
    │拨打急救 │    │坠机砸到│ │坠机砸到│  │火灾可控│ │火灾不可控│
    │电话，进 │    │电网设施│ │居民设施│  └────────┘ └────────┘
    │行紧急救 │    └────────┘ └────────┘      │          │
    │  护    │        │          │       ┌────────┐ ┌──────────┐
    └─────────┘   ┌────────┐ ┌────────┐  │自行调动│ │报火警并  │
                  │拨打调度│ │进行民事│  │力量灭火│ │用沙土构  │
                  │电话告知│ │协调，按│  └────────┘ │筑隔离带，│
                  │情况进行│ │民事赔偿│            │设置好警  │
                  │相应处理│ │居民，相│            │戒线，标  │
                  └────────┘ │关损失  │            │识牌      │
                             └────────┘            └──────────┘
```

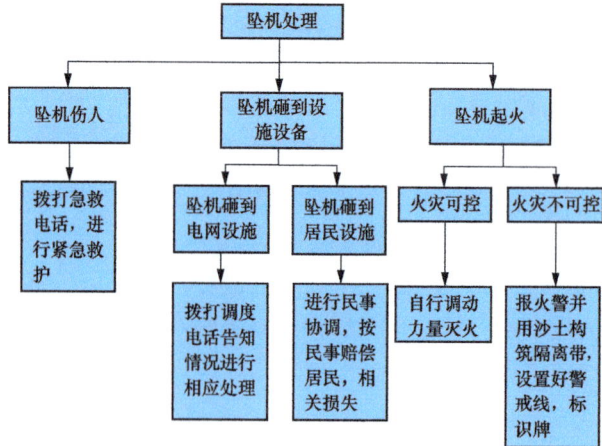

图 5-28　坠机处理流程

电话，同时工作负责人向上级领导进行事故汇报。

2. 身体异常

作业前班组成员出现身体异常时，有能替换的工作人员则替换后继续工作，没有则停止作业。

作业中班组成员出现身体异常时，如为慢性异常（恶心、高热等），现场若有其他能担任飞控手的工作人员，由其他人员接手，返航或就近降落；现场若没有其他能担任飞控手的工作人员，继续操作，就近降落。如为急性异常（突发性休克，晕厥等），现场若有其他能担任飞控手的工作人员，由其接手，返航或就近降落；现场若没有其他能担任飞控手的工作人员，程控手打开小型旋翼无人机巡检系统自主返航降落功能开关。

第六章

架空输电线路无人机巡检深化应用

第一节　巡检安全保障技术

当前在实际巡检过程中，无人机巡检作业前需要根据输电设施的空间基础数据，地面站规划出无人机的飞行路径，并上传至机载飞控，控制飞机自动向目标航点飞行或者控制飞机沿航点间航线飞行。从理论上来看该方式能够实现无人机与导线间距保持，但是当环境温度变化或导线负荷调整，都会引起导线弧垂的大幅变化，如果仍沿设定航线飞行，难以实现无人机与导线距离保持，并且存在碰撞障碍物的隐患。生产单位对无人机在塔线附近巡检时的安全避障技术均提出了较为迫切的需求，国内外部分单位在飞行器距离测量和避障技术方面开展了相关研究。

无人机线路巡检中的避障和安全距离保持技术是通过一定的测控手段，实现无人机与输电线路和建筑物等障碍物之间的距离保持在可控的安全距离之外，达到安全巡检作业的目的。避障和安全距离保持技术，主要是对安全距离的阈值进行测定。目前对于距离的测定手段主要有超声波、激光、视觉和毫米波雷达等。

一、超声波和激光避障

超声波测距是根据超声波在空气中的传播速度，测量声波从发射后至遇到障碍物反射回来的时间，根据发射和接收的时间差计算与障碍物的距离。由于超声波的传播速度与温度有关，其测距准确性容易受天气影响，使用时需进行温度补偿。此外，由于超声波传播速度慢，在长距离探测时能量衰减过快影响探测精度，且长距离探测时可能由于传播路径上的温度波动引起较大误差，因此主要用于短距离探测。

激光避障是利用激光碰到物体后，根据接收到的反射波来测量与物体的距离。目前较为普遍的有激光时间飞行法、相位差法、单次回波法和多次回波法等。激光测距仪质量轻、体积小、操作简单、速度快且准确，其误差仅为其他光学测距仪的五分之一到数百分之一，因而被广泛用于地形测量、战场测量等军事领域。近年来激光测距仪价格不断下降，工业上也逐渐开始使用激光测距仪。

二、视觉避障

视觉测距可通过单目视觉、双目立体视觉、三目及多目视觉结构实现。单目视觉主要利用摄像机采集到的图像信息，对结构场景中的标识进行识别，利用图像平面信息对场景进行简单判断，在结合基于运动的三维信息恢复方法后，可利用单目相机结构实现导航。立体视觉技术主要利用由两幅或两幅以上的图像重构得到三维信息，在此基础上进行障碍物检测和路况检测，最终实现避障和导航。对于基于立体视觉的避障和导航，已有较多单位在开展研究。现有立体视觉方法，根据环境特点可分为室内和室外环境两大类，在每类环境中再细分为结构化环境和非结构化环境。

1. 普通相机量测

通常，摄影测量技术所使用的是量测相机，其拍摄的相片有明显的框标标志，可由四个框标确定相片的 x、y 轴，并有对应的设备可以检定其内、外方位元素。但是量测相机成本非常高，非量测相机体积小、价格低廉、适用性强，因此得到了广泛的使用。无人机上搭载的可见光相机多为高分辨率非量测相机，所拍摄的影像上没有框标，其主点坐标、主距都是未知的，无法对其影像直接量测以主点为原点的坐标，因此需要先将普通相机量测化。同时，普通相机的镜头畸变差较大，造成像点、投影中心和相应物点的关系被破坏，必须对其进行校正。畸变差主要是径向畸变差和偏心畸变差，对质量较好的相机而言，偏心畸变差远小于径向畸变差，此处只考虑径向畸变差。

布设控制格网，用待检校的相机对格网成像。根据摄影的原理，主点、像点、物点在一条直线上，因此，考虑镜头畸变的共线方程为

$$x - x_0 + \Delta x = -f \frac{a_1(X - X_S) + b_1(Y - Y_S) + c_1(Z - Z_S)}{a_3(X - X_S) + b_3(Y - Y_S) + c_3(Z - Z_S)}$$

$$y - y_0 + \Delta y = -f \frac{a_2(X - X_S) + b_2(Y - Y_S) + c_2(Z - Z_S)}{a_3(X - X_S) + b_3(Y - Y_S) + c_3(Z - Z_S)}$$

式中：(x, y) 为像点坐标，(x_0, y_0) 为像主点面坐标；(X, Y, Z) 为像点的大地坐标，(X_S, Y_S, Z_S) 为主点的大地坐标；f 为主距，Δx、Δy 为镜头畸变差；$(a_1, a_2, a_3, b_1, b_2, b_3, c_1, c_2, c_3)$ 为旋转矩阵的系数。

经过直接线性变换后得到

$$x - x_0 + \Delta x = \frac{L_1 X + L_2 Y + L_3 Z + L_4}{L_9 X + L_{10} Y + L_{11} Z + 1}$$

$$y - y_0 + \Delta y = \frac{L_5 X + L_6 Y + L_7 Z + L_8}{L_9 X + L_{10} Y + L_{11} Z + 1}$$

根据共线方程建立误差方向，利用足够多数量的控制点可以解算内方位元素、系数、畸变系数，内方位元素的计算公式为

$$x_0 = -\frac{L_1 L_9 + L_2 L_{10} + L_3 L_{11}}{L_9^2 + L_{10}^2 + L_{11}^2}$$

$$y_0 = -\frac{L_5 L_9 + L_6 L_{10} + L_7 L_{11}}{L_9^2 + L_{10}^2 + L_{11}^2}$$

$$f = \frac{1}{2}(f_x + f_y)$$

$$f_x^2 = -x_0^2 + \frac{L_1^2 + L_2^2 + L_3^2}{L_9^2 + L_{10}^2 + L_{11}^2}$$

$$f_y^2 = -y_0^2 + \frac{L_5^2 + L_6^2 + L_7^2}{L_9^2 + L_{10}^2 + L_{11}^2}$$

2. 导地线识别

无人机飞行巡检时在线路设备侧上方，因此导线在高分辨率影像中通常呈现直线，而导线的背景则非常复杂，有房屋、山地、树木、河流等自然和人工背景。导线的自动提取主要问题在于如何克服复杂的背景噪声，并有效地连接分段提取的导线。

（1）导线像素的自动提取。由于导线在图像中背景复杂，且具弱信号特征，采用抗强噪声的 Ratio 算子提取导线像素。Ratio 算子是 Tupin 等人提出的一种利用中间区域和两边相邻区域灰度平均值的比值来进行线检测的方法，该方法能够充分利用线特征的灰度信息。Ratio 边缘检测算子将检测窗划分为 3 个区域，如图 6-1（a）是一个 9×9 大小的模板 [是根据图 6-1（b）所示的 16 个方向构成的 16 种模板之一]，首先计算相邻的 3 个 9×3 区域（区域 1、区域 2、区域 3）中的像素均值分别为 u_1、u_2、u_3。定义 R_{ij} 为该检测器关于区域 i 和区域 j 的边缘检测的输出响应为

$$R_{ij} = 1 - \min\left(\frac{\mu_i}{\mu_j}, \frac{\mu_j}{\mu_i}\right)$$

根据上式分别计算中间区域 2 与区域 1、3 的比值 R_{12} 和 R_{23}，由定义可以看到 R_{ij} 越趋于 0，两区域均值越接近，也就越可能属同一块均匀区域；反之 R_{ij} 越趋于 1，则两区域差别越大，待检测点越可能处于两区域间的边界上。

令 $R = \min(R_{12}, R_{23})$

R 作为滑动检测窗口中心点的边缘响应值。

在实际应用中，模板尺寸还可以是 3×3、5×5、7×7 等，模板的中心区域的宽度可以从 1 个像素到模板宽度的一半。

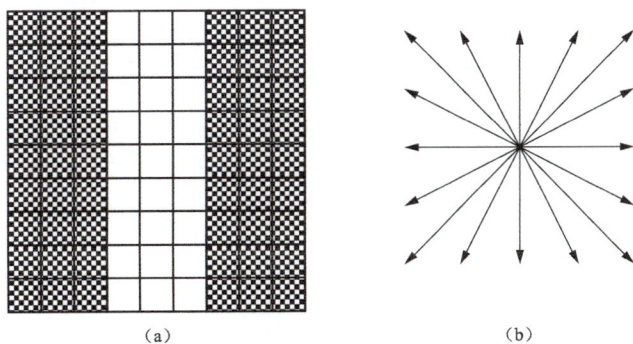

图 6-1 边缘检测模板和检测方向
(a) 9×9 检测窗口；(b) 边缘检测方向

（2）基于全局方向特征优的导地线提取。导地线在影像上呈一组平行直线，根据这一特征，可采用全局方向特征优先的线对象提取方法。在 Hough 特征空间中（定义为一个分别以直线的斜率和截距为纵横坐标的二维空间）将表现为一个坐标为 (a, L) 的点。考虑影像平面的一个特定的点 (x_1, y_1)，过该点的直线可以有很多，每一条都

对应了 Hough 空间中的一个点，这一组直线点的连线轨迹是一条曲线。

如果有一组位于由斜率和截距参数为 a 和 L 决定的直线上的节点，则每个节点对应了 Hough 空间中的一条曲线。所有这些曲线必交于 Hough 空间中的点 (a, L)。曲线相交次数高的点 (a, L) 就对应着影像平面的一条直线。全局方向特征优先的线对象提取方法，需构造特征聚集指数 $CIndex(a)$。

$$CIndex(a) = \sum [HT(a, L)^2]$$

式中：a 为坐标空间内直线与水平方向的夹角；L 为原点到直线的距离；$HT(a, L)$ 为特征空间内 (a, L) 所对应位置的相交点数。

在 Hough 特征空间中，依次计算各斜率值所对应的特征聚集指数，当 $CIndex(a)$ 取得最大值时斜率为 a，即为导地线整体走向。然后，在 Hough 特征空间的 $x=a$ 的直线上，搜索曲线相交次数的局部极大值点，这些点的坐标就对应着影像平面的若干条直线。

3. 无人机与导线间距检测

（1）立体视觉方法。无人机与导线间距检测步骤为：

1）通过无人机机载固定基线立体视觉系统拍摄的影像识别导线。

2）通过影像核线计算找出左右影像上的同名核线。

3）计算同名核线分别与左右影像上导线交点的影像坐标。

4）前方交会计算无人机与导线间距。

为了计算导线上某点的空间三维坐标，需要在两幅以上影像中准确地找到该点对应的影像同名点。但是由于导线缺少特征点，通过人工寻找同名点已经十分困难，更无法应用常规的灰度相关寻找同名点。Helava 在 20 世纪 70 年代提出核线相关理论，指出左图像某一特征点在右图像中的同名点一定位于右图像核线所在直线上，因此只需分别计算同名核线与导线的交点，就可以方便的寻找到导线上的同名点。由于无人机上立体视觉系统具有固定的基线，且各个相机彼此间的相对方位也已知，各个相机拍摄的影像上的同名核线间的对应关系也就能够确定下来。

立体测距系统是由三台结构和性能完全相同的 CCD 组成的，水平放置在无人机的机翼两侧和机身下方，其光轴共面且相互平行，如图 6-2 所示。3 个 CCD 传感器的标号分别为 0、1、2，CCD0 只负责锁定目标，b 为传感器中心之间的距离，f 为传感器透镜焦距，可以通过摄像机标定获得。

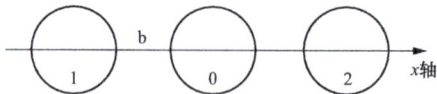

图 6-2　成像设备的位置

CCD1 和 CCD2 根据双目视差测距原理计算障碍物与无人机之间的距离，原理如图 6-3 所示。

目标 A 距无人机距离为 Z，分别以 CCD1、CCD2 的光轴与图像的交点为原点，建立直角坐标系，设图像中目标坐标分别为 $A_1(x_1, y_1)$、$A_2(x_2, y_2)$。由相似三角形可解得

$$Z = \frac{2bf}{x_1 + x_2}$$

因为 x_1 和 x_2 异号，所以 $Z = 2bf/D$，$D = |x_1 - x_2|$，其中 D 被称为视差。

（2）单目视觉方法。无人机在档中飞行时，始终保持在输电走廊的同一侧沿着线路飞行。对已建成的输电走廊，导线与导线的相间距离是一定的，在此基础上，利用透视成像的几何原理，可通过单相机获取输电线路影像检测无人机与导地线的距离。

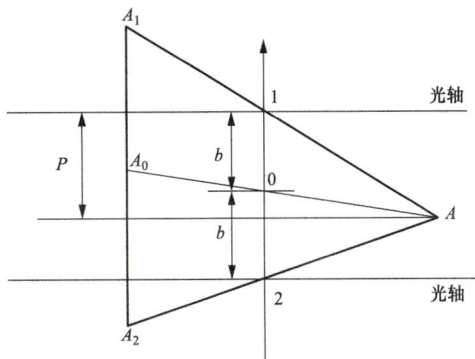

图 6-3　双目视差测距原理

假设拍摄瞬间，相机的像平面与导线的平面是平行的，则架空输电线路的三相导线按透视关系投影到像平面上仍保持相同的空间位置关系。现实情况下，无人机上搭载的相机对输电线路拍照是非正直的，像平面与输电线路平面不一定平行，如图 6-4 所示。

在摄影基站空间位置一定的情况下，相间距离在影像上与 φ 有关。无人机巡检系统上通常搭载有 POS 系统，可直接获取 φ。单目视觉计算原理如图 6-5 所示，由 $\dfrac{Sa}{SA}=\dfrac{ac}{AB}$ 的关系可推导出无人机到输电线路的距离 SA。

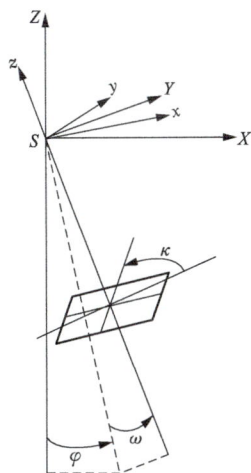

图 6-4　像空间坐标系与像空间
辅助坐标系的关系

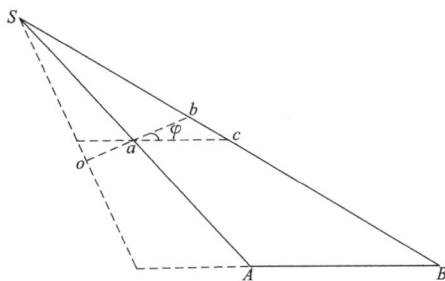

图 6-5　相间距离投影关系

三、毫米波雷达

毫米波（Millimeter Wave）的工作频率介于微波和光之间，波长为 1~10mm，它位于微波与远红外波相交叠的波长范围，因此兼有两者的优点，具有带宽宽、波束窄、受气候影响小、易小型化等特点。毫米波雷达测距原理是：雷达系统通过天线向外发射一列连续调频毫米波，并接收目标的反射信号。发射波的频率随时间按调制电压的规律变化，一般调制信号为三角波信号；反射波与发射波形状相同，但在时间上存在一个延迟。发射波与反射波在某一时刻的频率差即为混频输出的中频信号频率，目标距离与前端输出的中频频率成正比。如果反射信号来自一个相对运动的目标，则反射信号中包括因目标相对运动所引起的多普勒频移，根据多普勒原理可以计算得到目标相对运动速度。

无人机避障系统需要对无人机机身周围足够大的预警空域，检测包括导地线等微弱目标在内的各种障碍物，获取目标的位置信息，并进行威胁分析、排序，为无人机提供安全飞行走廊。利用毫米波雷达避障需考虑以下因素。

1. 角度和距离分辨率

无人机避障系统设计首先要有高的角度和距离分辨率，因为当探测距离较大时，探测波束会同时照射到空中目标和地面，而当探测波束偏离垂直照射电力线角度较大时，电力线的散射强度很弱，从而难以分辨障碍物和地面信息，导致无法准备判知障碍物的位置。另外，反射较强的地杂波会抬高基底电平，会严重影响避障系统对弱小目标的检测和判断。因此，为了有效进行此类目标的检测，需要用较窄的波束从空域上将目标和地杂波分开。同时，为了有效抑制强地杂波的影响，实现对微小目标的有效检测，对距离-方位分辨单元也有较为严格的要求。另外，天线也需要具有较低的旁瓣特性，以减小由于旁瓣照射在地面上而接收到的地杂波对微弱目标探测的影响。

2. 数据更新速度

在数据更新方面要考虑数据更新速度，如果避障系统在一次扫描过程中没有发现障碍物，等到下一次发现障碍物的时间不能过长，否则将会大大增加障碍物被发现时的威胁程度，因此，无人机避障系统必须要有高速的信号处理系统以达到较高的数据刷新率。目前，国外的数据更新周期为 $1\sim3s$。

3. 小目标检测能力

无人机在超低空飞行时，高出地面的电力线对无人机的安全构成了严重威胁，由于高压线目标细小，在较强的地杂波背景下难以检测。因此虽然无人机避障系统的威胁目标不只是电力线，但是电力线最难检测，故而对电力线的检测能力是作为无人机避障系统的一个重要性能指标。目前可用于无人机避障的技术路线主要有机器视觉、毫米波雷达、激光和超声波等。这些技术路线从原理上都是可行的，但受现场应用条件、处理效率、设备成本、设备尺寸和质量等因素限制，还没有适用于架空输电线路特点的实用化避障技术，特别是对小型旋翼无人机巡检系统而言更是如此。现有的中、小型无人机巡检系统负载有限，而测距设备质量又较重。基于实用化的需求，需从设备方案和硬件选型等方面进行考虑，研究一种可搭载在中、小型无人机上的安全距离保持设备。

第二节　缺陷智能识别技术

在采用无人机巡检时，地面遥控设备能将无人机采集的巡检图像传输到地面，但由于受到无线传输带宽的限制，传输的巡检图像质量、分辨率均受到影响，不能全面地、清晰地实时分析输电线路的缺陷，需要将高分辨率的巡检图像记录下来，事后分析其存在的缺陷。无人机一次巡检采集了大量的高分辨率巡检图像，对电网巡检人员提出了新的要求，从以地面人工巡检方式转换到采用计算机从巡检的图像上发现线路缺陷，是一种对巡检人员素质要求较高，且劳动强度较大的工作。近年来随着无人机巡检输电线路的技术迅速发展，将输电线路设备识别技术应用在无人机巡检上，感知无人机所拍摄的线路区域，排除大量无用的图片，进一步检测输电线路部件可能存在的缺陷，可提高当前无人机巡检的效率。

一、输电线路场景的理解

当前对输电线路结构的研究集中在对输电线路显著的部件，如导线及绝缘子等方面的研究。而对于非显著的连接部件如防振锤、均压环等识别还没有涉及，尤其是没有考虑到输电线路的整体结构特性，没有建立识别高压线路的约束机制。识别输电线路结构的关键是识别其各部分连接之处，这些区域是容易发生缺陷与故障的关键位置（如高压输电线路导线相连部件等）。

输电线路具有显著的多尺度线结构特征，一方面近距离无人机拍摄的图像受背景纹理及光线变化影响较大，背景出现较多类似特征的区域，会造成较高的误判；另一方面无人机是在输电线路通道的一侧巡检的，输电线路本身是一种 3D 镂空的线结构，不同的拍摄角度存在大量的遮挡情况，分离其局部轮廓结构是一件困难的任务。有学者提出一种从底层到高层的 Gestalt 感知处理机制来识别像输电线路人造设施的组成结构的方法。首先研究一种感知的分裂与合并的算法，获取完整的局部轮廓；接着感知输电线路规则的结构，即平行特征、近似交叉对称特征，研究输电线路结构的连通特征，建立识别输电线路结构的约束机制；依据输电线路部件安装的上下关系，在缩小的区域范围内，进一步识别输电线路上安装的连接部件，基于局部轮廓的形状识别部件。

考虑到人造设施建造在各种复杂背景环境下，受到拍摄角度及光线的影响，背景纹理亮度变化可能强于输电线路边缘亮度的变化，使得输电线路局部可能融入背景或被遮挡；输电线路本身具备很宽的视野，且是由金属构造的，在不同的光线下，其反射形成人造设施的轮廓呈现忽明忽暗特征；输电线路结构不仅具有直线特征，而且具有曲线特征，这种曲线特征在野外人造设施中具有唯一特性。考虑从不同方向边缘线段分组来提供一种有效的、便于实现搜索聚类的感知过程。考虑在二值图像上描述线段之间的近似性、连续性、共线性的几何量化计算基础上，在不同方向线段条件下多级融合感知定律中近似性、连续性、共线性，将不连续的人造设施轮廓连接为完整的、显著的轮廓，通过线段长度排列，排除自然场景复杂背景纹理小线段的影响。

针对人造设施的线结构特征，由于自然力的影响，使得输电线路中导线的平行性发生变形，并不符合数学条件下的平行线；从图像整体来分析，背景纹理的干扰会严重影响到对平行导线的识别，从输电线路杆塔的组成结构来看：是由不同方向的对称交叉钢材组建的，具有显著的对称交叉特征，但由于拍摄角度及遮挡的影响，杆塔结构呈现近似对称交叉特征。

　　一种三层感知人造设施结构的识别方法如图 6-6 所示。在图像底层处理时，采用提取不同方向的亮线段与暗线段，融合不同方向线段之间的近似性、连续性、共线性的感知计算，获取输电线路结构不同方向的完整线段。

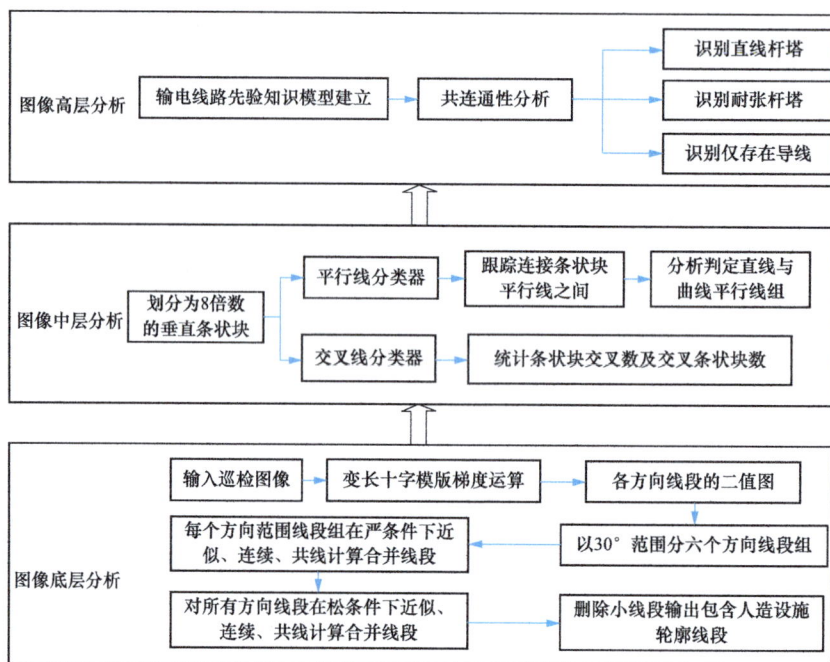

图 6-6　多感知输电线路结构识别过程

　　在图像中层分析时，着重感知输电线路规则结构特征，其显著的结构是由多条近平行导线组成、杆塔结构近似对称交叉的特征，研究了一种适合视觉分析近平行特征与近对称交叉特征的方法，即提出了一种分块与合并感知平行与对称交叉的线结构计算方法。

　　在图像高层分析时，建立输电线路人造设施知识模型，分析输电线路显著的大部件之间的连通特征，识别输电线路组成的杆塔、导线、地线及绝缘子所在区域。由于导线上安装的防振锤、间隔棒小部件与导线存在依附关系，提取到导线的断点区域，可能包含着这些形状部件或缺陷，聚类出导线断点区域。

　　高压输电线路具有如下的先验知识，可以用于从语义上理解、识别高压输电线路的结构。

　　（1）高压线路对象是由金属构造时，在不同的光线下，其反射形成人造对象边缘呈现忽明忽暗特征。因此需要提取杆塔的暗边缘与亮边缘综合分析，才能识别图像中是否存在杆塔。

　　（2）高压输电线路的杆塔是由不同方向的对称交叉钢材组建的，具有显著的对称交叉特征。

　　（3）高压输电线路是一种开放的结构，贯穿图像四周，特别是导线从一端进入从另一端退出，贯穿图像四周的平行线组，很有可能即是导线。

（4）高压输电线路的杆塔主要由两种类型：一种是直线杆塔，另一种是耐张杆塔。当导线通过直线杆塔时，由一合成绝缘子与其相连，对导线形成一种拉力，使得导线呈折线（或锐角的连线）；到导线经过耐张杆塔时，由向下弯曲的引流线将导线两端连接，这些特征有助于我们识别导线与直线杆塔的连接区域，导线与耐张杆塔的连接区域，便于进一步诊断连接区域可能存在的疑似缺陷。

（5）连接在杆塔上的合成绝缘子与玻璃绝缘子呈现出垂直方向、水平方向和斜方向，而且绝缘子的片状结构呈现出平行特征。

二、输电线路局部轮廓的获取

由于输电线路是由金属构造的，在不同的光线下，其反射形成人造设施的轮廓呈现忽明忽暗特征；因此在图像底层处理时，采用可变宽度的十字梯度模板提取巡检图像中不同方向的亮线段与暗线段，十字模板可以检测所有斜率的线段。大小为 masksize 的模板能检测到的线段的最大宽度为（masksize－1）/2。分别获取四幅二值图像：水平模板提取亮线段二值图、垂直模板提取亮线段二值图、水平模板提取暗线段二值图、垂直模板提取暗线段二值图。计算每条线段的属性，具体包括：每条线段上下左右端点位置坐标、线段的中心点坐标、线段的长度、线段的平均宽度、线段平均角度与截距值、线段起始端点角度与截距值、线段结束端点角度与截距值，对于线段方向角度的计算，通过将线段的长度分为小线段计算斜率与截距获得。当线段角度在$-75°\sim75°$，以左右方向来分析线段之间的关系；当线段角度小于$-75°$或大于$75°$，以上下方向来分析线段之间的关系。

三、感知输电线路规则的结构

1. 导线平行性的感知

为感知野外图像中近平行线特征，将图像沿垂直方向分为 8 倍数的条状块，在条状块内使用三级平行线段分类器感知平行线组，如图 6-7 所示，首先采用距离特征分类器，依据条状块内线段的垂直距离分类线段组；对每一分组的距离特征线段组，再使用斜率特征分类器，依据线段的角度分类线段组；再对每一分组的斜率特征线段组，使用距离特征分类器，输出符合一定距离与方向角度关系的线段组，即感知出条状块内的平行线段组。

将每个条状块内的平行线组与相邻条状块内的平行线组和非平行线进行比较。以每个条状块内的平行线组为搜索中心，从左到右搜索，如与右边条状块的一组平行线有相连，标注为相同的平行线组编号；如与右边条状块的非平行线有连接关系，将这些非平行线构成新组，并标注为相同的平行线组编号。相邻条状块内满足相连判决的依据是端点位置相同、角度差相近，可能在相邻条状块内满足相连的线段有多条，通过比较选择角度差最小的线段。将标注编号相同平行线组组合成块平行线组，并计算其所在条状块的起始块位置与结束块位置。

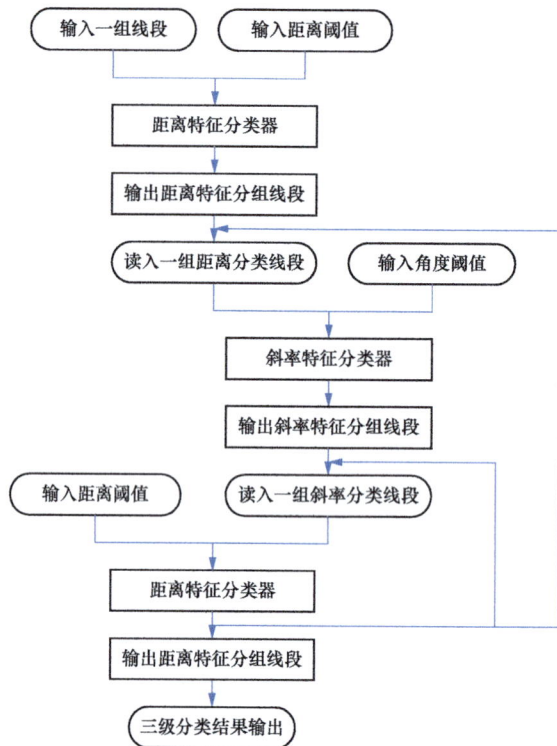

图 6-7　设计的三级平行线段分类器

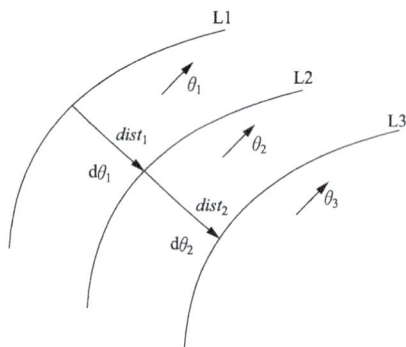

图 6-8　描述绝缘子平行性的计算

2. 绝缘子片平行性的感知

为了能感知绝缘子串的多平行线段,设计的平行线组分类器要求至少三条线段,不仅要求线段本身要满足平行性,而且要求线段中心点保持在一条直线上,线段的长度、相邻线段之间的距离保持在一定的范围内,如图 6-8 说明了设计的平行线段分类器用到的特征参数。

通过线段的方向角度 θ_1、θ_2、θ_3 计算线段平行性,通过相邻线段中心点连接的线段的方向角度 $d\theta_1$、$d\theta_2$ 计算线段之间排列一致性,判断线段之间的长度一致性。采用树结构的搜索来实现平行线组的分类器。

3. 杆塔对称性的感知

采用分块计算图像不同区域中不同方向线段分布密度来感知是否存在杆塔区域。在垂直划分的每个条状块内,按水平方向划分为 4 等份,在提取显著的人造对象轮廓的基础上,统计分块内水平方向线段数量、斜上方向线段数量、斜下方向线段数量、垂直方向线段数量。如一个分块的数值均低于一个较低数量的门限值(设置为 3),则该判决分块没有线段或该分块可能存在模糊;如斜上方向和斜下方向线段数量同时均高于一个较高数量门限值(设置为 5)时,则该分块可能属于杆塔区域。

统计出较多分块内没有线段（或较少线段），则该幅图像属于模糊图像，可以删除该幅图像不做进一步分析；如属于交叉分块的总数超出一定阈值，则图像中存在杆塔区域，统计这些分块中的最左上坐标和最右下坐标，作为杆塔在图像中的区域，此时可以判定杆塔在图像右边、中间、左边区域。

四、输电线路部件的识别

1. 输电线路结构的共连通性分析

从输电线路中的结构来看绝缘子一端与导线连接，另一端与杆塔相连。输电线路的杆塔主要由两种类型：一种是直线杆塔，另一种是耐张杆塔。当导线通过直线杆塔时，由垂直安装的合成绝缘子与其相连，到导线经过耐张杆塔时，由不同方向的玻璃绝缘子与导线连接，呈现出垂直、水平、斜上与斜下方向。从输电线路整体结构分析，可以建立识别绝缘子的约束机制，排出背景误检测的绝缘子区域。

通过共连通区域的分析，建立识别直线杆塔与耐张杆塔结构的约束条件。如图6-9所示，当导线通过直线杆塔时，由一合成绝缘子与其相连，对导线形成一种拉力，使得导线呈现折线（或锐角的连线），通过计算平行直线组端点之间的距离及夹角，即可识别直线杆塔；如图6-10所示，当导线经过耐张杆塔时，由向下凸的引流线将导线两端连接，通过计算平行直线组与平行曲线组之间距离及夹角，即可识别耐张杆塔。同时依据绝缘子安装的位置，可以推理出绝缘子的大致位置，便于进一步诊断连接区域可能存在的疑似缺陷。

通过建立识别输电线路结构的约束机制，可以有效排除背景纹理特别是稻田、公路的规则排列对导线与杆塔区域的识别造成的影响。从语义上提高识别输电线路结构的可靠性。

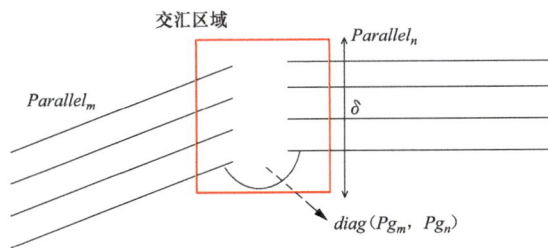

图 6-9　导线穿过直线杆塔形成的折线

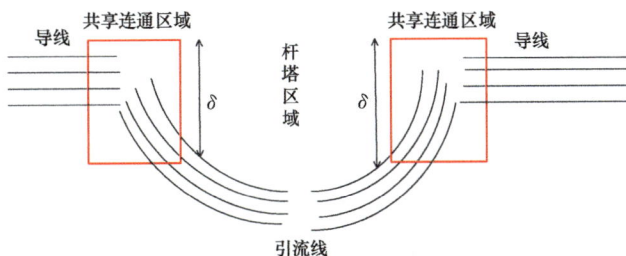

图 6-10　在耐张杆塔中引流线与导线位置关系

2. 导线上依附部件的识别

导线上安装的部件是输电线路发生缺陷的关键位置。直接从巡检图像上来识别这些安装部件存在非显著的特征，在识别出显著的导线情况下，沿着导线方向的上下区域搜索识别安装的部件，可减少巡检图像背景对识别部件的影响。

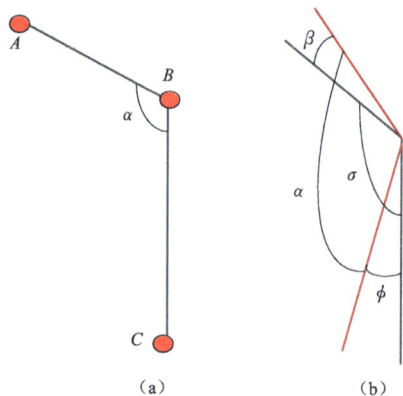

图 6-11　2AS 线段关系图

(a) 2AS 示意图；

(b) 2AS 旋转变化时角度关系图

通过对识别对象的先验知识的分析，以两相邻线段（2AS）或三相邻线段（3AS）作为识别形状部件的局部轮廓特征，通过线段所成的角度关系和相对尺度大小定义 2AS 的语义模型，事先将形状对象的整体模板轮廓进行分解，统计形状对象所遇可能的 2AS 或 3AS 的局部轮廓特征，基于所定义的语义模型，实现形状对象局部轮廓特征的检测，最后将所检测的局部轮廓特征聚类实现形状部件的识别，如图 6-11 所示。

图 6-12 和图 6-13 是识别导线上可能存在的防振锤和间隔棒形状部件的方法。事先对间隔棒和防振锤这两种形状部件可能出现的 2AS 或 3AS 局部轮廓进行分解，建立这些形状部件的局部轮廓特征的编码。图 6-12（b）是对防振锤样本轮廓分解得到的 2AS 和 3AS 样本进行编码命名，图 6-12（c）是识别防振锤的局部轮廓特征所有可能组合；通过建立的局部轮廓组合对聚类区域内的 2AS 和 3AS 便利，进而实现图 6-12（a）中防振锤的识别；对于间隔棒形状部件的识别，图 6-13（b）中是对间隔棒样本轮廓分解得到的 2AS 和 3AS 进行编码标号。图 6-13（c）是建立识别间隔棒防振锤的局部轮廓所有可能组合。通过对间隔棒局部轮廓的组合进行判决能够识别图 6-13（a）中所有的间隔棒。

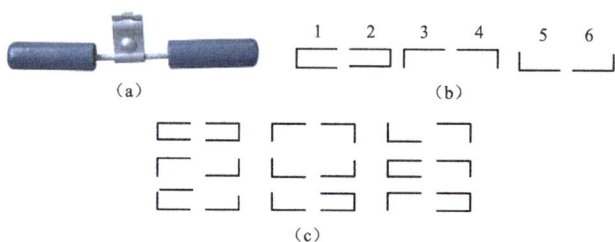

图 6-12　防振锤的局部轮廓特征的描述

(a) 防振锤的形状；(b) 防振锤局部轮廓的编码标号；(c) 防振锤的局部轮廓组合

五、部件缺陷检测

输电线路的缺陷总是与特定部件相关的，不同部件有不同缺陷类型，同一部件可能有多种缺陷。如图 6-14 所示为主要部件的典型缺陷。在确保正确识别出输电线路结构部件下，才能诊断出部件缺陷。

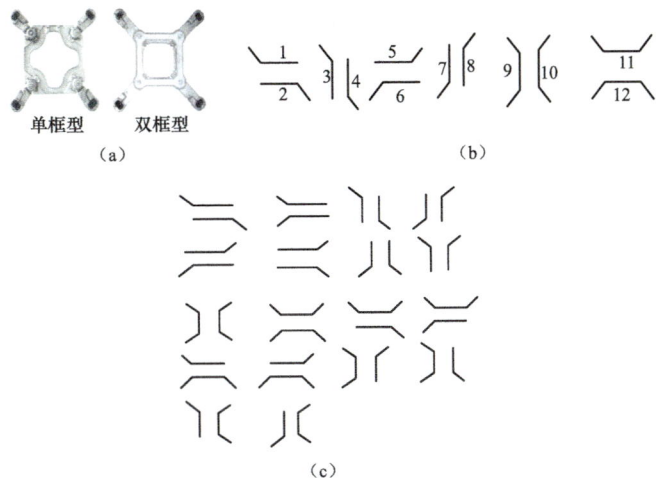

图 6-13 间隔棒的局部轮廓特征的描述

（a）间隔棒的形状；（b）间隔棒局部轮廓的编码标号；（c）间隔棒的局部轮廓组合

输电线路有些部件缺陷具有显著的颜色、纹理、形状缺陷，通过图像处理与分析方法能诊断这类缺陷，另一类缺陷与部件位置、部件之间相互安装关系及输电线路知识模型相关的类型，需要通过高层次语义推理的方法来诊断这一类型缺陷。

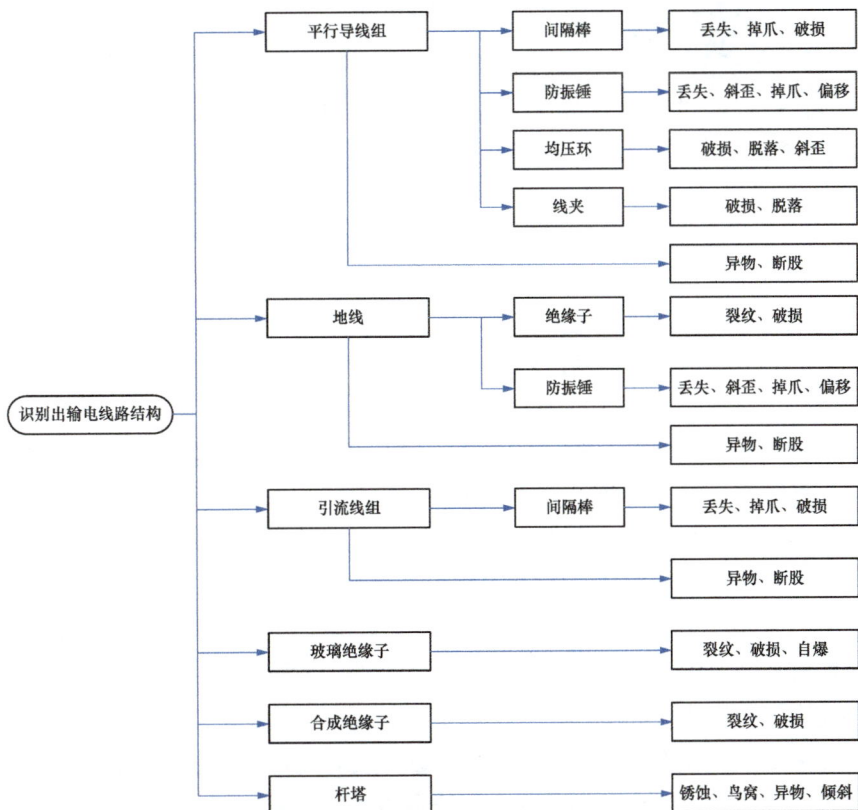

图 6-14 线路部件识别与缺陷的关联

1. 基于颜色与纹理特征诊断输电线路缺陷

玻璃绝缘子呈现偏绿特性，杆塔上锈蚀、鸟窝、部件表面上的油漆等，均可以用度量颜色值来测量是否存在缺陷；部件正常纹理表面具有规律的重复性，当出现缺陷时，缺陷点对应的空间频谱发生变化，根据这一特点常用傅里叶变换进行缺损检测。

（1）绝缘子掉片缺陷的检测。通过利用绝缘子片的形状信息识别出潜在的绝缘子区域，在通过绝缘子颜色显著性特征以及绝缘子先验知识模型中的主颜色成分来检测已识别的潜在绝缘子区域，可提高单一通过绝缘子形状信息识别绝缘子的准确率。通过利用绝缘子先验知识模型中的主颜色成分对已识别的正确绝缘子区域进行补偿，保证了识别出的绝缘子区域的完整性。用于缺陷检测的绝缘子二值图是通过绝缘子先验知识模型中的主颜色成分分割得到的，满足绝缘子形状、颜色特征区域；二值图能够完整反映绝缘子情况，不受复杂背景的干扰，以及光照、拍摄角度的影响。通过分析在单串中绝缘子片间位置关系来检测绝缘子串内的掉片缺陷，以及通过分析各串绝缘子两端的绝缘子片间的位置关系来检测绝缘子两端的掉片缺陷，能够完整地检测绝缘子掉片缺陷，如图 6-15 所示。

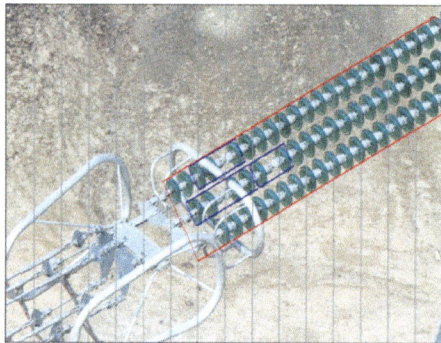

图 6-15　绝缘子掉片缺陷的检测

（2）杆塔上鸟巢的检测。由于鸟巢颜色、纹理、形状特征的不确定，巡检图像容易受到复杂背景的干扰、加上铁塔上鸟巢容易被遮挡的情况，造成检测铁塔上鸟巢是一件困难的事情。对收集的鸟巢样本颜色与纹理特征进行分析，确定能最佳描述鸟巢特征的 HSV 颜色特征量与纹理惯性矩特征量。首先基于铁塔线材近似交叉对称特征，在巡检图像上识别铁塔所在区域。在铁塔区域内，搜索符合鸟巢 HSV 颜色特征的连通区域，作为候选的鸟巢区域，接着分析候选鸟巢区域的形状特征，排除明显不是鸟巢的区域，最后分析鸟巢区域的粗糙度与纹理特征，确定鸟巢区域。本文的鸟巢检测方法能排除背景上大量类似符合鸟巢颜色或纹理的区域，有效检测出铁塔上的鸟巢，如图 6-16 所示。

2. 基于平滑性与一致性诊断输电线路缺陷

输电线路的导线是由固定的材质构成，表面平整光滑，如导线存在断股或异物，破坏了其表面的平滑性与一致性。通过分析导线表面灰度图像的光滑性与一致性来诊断断股或异物缺陷。上述两类缺陷是在巡检图像上有显著的物理特征缺陷，通过颜色、纹理、灰度统计特征量来诊断其缺陷。有如下统计特征量来诊断其缺陷：

（1）共生矩阵纹理特征量。在纹理图像中，在某个方向上相隔一定距离的一对像素灰度出现的统计规律应当能具体反映图像的纹理特性。所以可用一对像素的灰度共生矩阵来描述这个统计规律，进而由共生矩阵计算出纹理特征参数来定量描述纹理特性。部件正常纹理表面具有规律的重复性，当出现缺陷时，缺陷点对应的空间频谱发生变化，破坏了纹理的规律性。比较常用的 5 个特征参数是：能量、熵、惯性矩、相关性系数、局部平稳性。

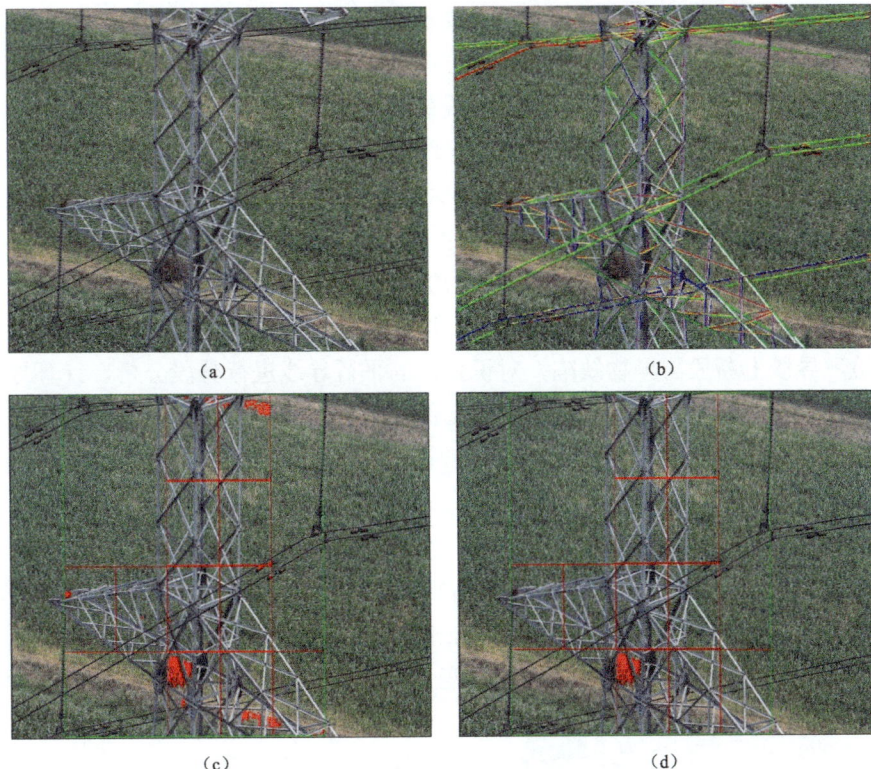

图 6-16　铁塔上鸟巢检测过程

（2）平滑度特征量。平滑度可以描述图像纹理的粗糙性，平滑度低的纹理在灰度级上比平滑度高的纹理有更小的可变性，即平滑度越低，图像越平坦。

（3）灰度直方图特征量。灰度直方图的矩来描述纹理特征。直方图反映的是图像亮度在各个灰度级上出现的概率，一阶矩表示图像灰度值的分散情况；二阶矩为方差，是灰度对比度的量度，反映了灰度值相对于均值的分布情况，描述了直方图的相对平滑程度，可反映图像中纹理的深浅程度；三阶矩是偏度，反映了灰度值相对于均值的对称性，描述了直方图的偏斜度；四阶矩定义为峰度，它表示了直方图的相对平坦性，进一步描述了图像中纹理灰度的反差。

（4）灰度相似度特征量。灰度图像有 256 级差，灰度的深浅变化反映了特征的变化，计算一个区域的灰度均值 avg，方差 dev，可以用于衡量区域的相似度。

（5）色度直方图特征量。RGB 空间由于三个分量相关性很大，在分析颜色特征时需要在三维空间中分析，其效率不高，而 HSI 颜色空间（Hue 色度 [0，360]，Saturation 饱和度 [0，1]，Intersity 强度 [0，1]）是基于人类对色彩感觉的非线性变换，分量之间相关性很小，H 色度分量描述颜色的基本特性，主要反映了目标物体的颜色主体，对光线和阴影都不敏感因此可以区分不同颜色的物体。

（6）线对象宽度特征量。导线在某个位置的宽度是指与在该位置处切线垂直方向上的对象区域宽度。为了减少梯度方向的计算，线宽度指的是线对象在沿其延伸方向的垂直方向的宽度，线宽度是导线的一个很重要的特征，对于同一个线对象，其线宽度可能随着其延伸发生变化，可以通过在线延伸方向的垂直方向进行宽度投影获取其宽度变化曲线来描述线宽度，其使用线平均宽度、线最大宽度、线最小宽度来描述。

考虑到无人机巡检图像受背景纹理与光线影响较大，研究了一种适合野外线状对象的 Gestalt 感知定律的近似性、连续性、共线性的量化计算，将断断续续的线段连接成长的线段，进而感知近似平行的导线量化计算，聚类出平行导线组，由于提取导线的断点区域可能包含着导线上安装的间隔棒、防振锤形状部件，在断点聚类的区域内，研究了一种基于局部轮廓特征的形状对象识别方法，排除安装的部件对导线上缺陷检测的影响，为检测导线上断股与异物缺陷，对识别出的平行导线进行分段分析，计算导线上绝对灰度差距离比例，相邻分段灰度差距离比例，基于检测出突变区域来分析导线上是否存在断股或附着异物缺陷。

图 6-17　均压环斜歪的检测

3. 基于尺度测量诊断输电线路缺陷

如用于诊断导线上覆冰、松股与防振锤掉头缺陷；正常导线其宽度值固定，导线宽度与防振锤抓的宽度比例值固定；如测量上述值明显变化，则可疑其存在缺陷，这种测量可以采用相对测量，研究恒定的比例尺度或采用绝对测量方法，如图 6-17 所示。

4. 基于形状特征诊断输电线路缺陷

对部件的形状描述有多种方法，如傅里叶描述子、骨架描述形状；编码方式：如链码；特征点检测与模板匹配的方法。识别目标形状的特征，必须具备平移、旋转、尺度不变三个特征，另外还必须具有对噪声不敏感和简单易于实现的特征。诊断间隔棒掉爪、防振锤斜歪、均压环破损等缺陷均可以考虑采用形状来描述这些部件的缺陷特征量，如图 6-18 所示。

图 6-18　防振锤缺陷的检测

5. 基于安装结构位置诊断输电线路缺陷

如诊断防振锤与间隔棒的丢失，输电线路上导线、地线上是否有防振锤；在导线与引流线上是否有间隔棒；如存在防振锤与间隔棒输入其类型；依据在线路上安装位置的判决，其是否存在丢失缺陷；在正常安装的一组防振锤其位置固定，在导线垂直方向上的投影应存在重叠的区域，如存在不重叠区域，则可疑存在防振锤偏移，如图 6-19 所示。这些类型的缺陷与输电线路知识模型密切相关。

图 6-19　防振锤偏移缺陷的检测

第三节　特殊环境地区巡检技术

架空输电线路无人机巡检系统在特殊地区环境进行巡检作业时的系统配置主要受海拔和环境温度等因素影响。

一、特殊环境对无人机巡线作业的影响

目前对于一般环境条件下无人机巡检系统配置标准已经基本明确，但针对高海拔和高寒环境使用的无人机巡检系统配置标准尚属在研究阶段。中国电力科学研究院等研究单位分别在辽宁、特高压交流试验基地人工气候环境实验室等地进行了高寒条件下无人机巡检系统性能实验；在青海、特高压交流试验基地人工气候环境实验室等地进行了高海拔条件下无人机巡检系统性能实验，研究了特殊环境地区的无人机巡检技术要求。实际海拔包括 2233m（西宁）、3010m（乌兰地区）、3200m（格尔木地区）、4228m（西大滩）、4740m（昆仑山地区）、5010m（风火山地区）和 5213m（唐古拉山地区）；实验环境温度从 −10℃～−50℃ 选择了若干个温度范围进行。图 6-20 和图 6-21 分别为实验现场和人工环境气候室实验照片。

实验结果表明，高寒及高海拔复杂环境对无人机巡检系统性能和作业人员操控均存在一定影响，主要表现在以下各方面：

（1）随着海拔高度增加，无人机巡检系统动力性能逐渐降低。尤其是对旋翼无人机影响更为明显，其原因主要是空气稀薄，旋翼能效比大幅降低。此外，对于油动型无人机，发动机燃烧效率明显降低，对飞行性能带来严重影响；对于电动型无人机，电池放电效率主要受环境温度影响，但个别电池在海拔 4228m 时出现鼓包等现象，存在安全隐患。实验中，某旋翼无人机在海拔 3200m 时，飞行时间可满足巡检作业要求，但在海拔 5200m 时，仅飞行 10min；个别无人机在海拔 4228m 时就无法脱离地效飞行。

图 6-20　实验现场照片　　　　　图 6-21　人工环境气候室实验照片

（2）随着温度的降低，燃油发动机工作性能变化明显。当环境温度在－20℃及以下时，多数发动机由于气缸内压缩终了时的空气温度达不到启动所需温度，同时机油黏度增大，存在发动机难以启动问题。当环境温度高于－20℃时，多数发动机可不采用其他措施顺利点火，但点火后需在地面怠速预热 3～5min，待发动机温度上升，润滑油充分流动后才能起飞。

（3）机载电池的影响。对于机载电池（包括动力电池和设备供电电池）而言，其最佳工作温度一般为 20～40℃。随着环境温度降低，电池放电性能随之下降。高原地区温度较其他地区要低，当温度低于 4℃时，锂电池所用的电解液会在低温下变黏稠甚至凝结，此时，锂盐的导电活动大大受到限制，此时放电效率很低，从而会导致锂电池在低温下电量降低，充电也是如此。所以低温对无人机的电池效率影响较大。在－30℃环境下实验时，多数电池放电容量只有额定值的 30%～40%，此时仍然按低海拔地区的飞行时间考虑，可能会发生摔机的风险。此外，高寒环境对机载电池的充电过程也有影响，当环境温度低于 0℃时，电池电压难以充至规定的使用电压以上。

（4）对任务设备的影响。目前任务设备主要形式有相机＋云台和转塔式光电吊舱两种，低温环境对以上任务设备的影响主要有润滑变差、转动卡涩、变焦性能较低、液晶屏易破裂等。

（5）对飞行控制系统的影响。对于飞行控制系统而言，在－10～－20℃时各机型均能正常工作。但在－20℃以下时，个别机型出现无法启动和传感器测量故障。

（6）昼夜温差对无人机设备的影响。高寒地区昼夜温差一般可达 20℃，对胶皮和塑料类零部件寿命带来一定影响，可能加剧转动部件之间的机械磨损甚至出现零部件断裂等现象，特别是密封件等橡胶制品的老化可能对发动机整体性能和寿命带来较大影响。

（7）低温对人员的影响。低温环境下，人员感知能力和操控能力明显降低，容易出现误操作。

二、特殊环境下无人机巡线作业应采取的措施

针对架空输电线路无人机巡检系统在特殊环境地区进行高海拔和低温试验的结果，并在一般环境条件下使用的无人机巡检系统配置基础上，建议在特殊环境环境条件下优化配置方案为：

（1）环境温度在−10～−15℃时为低温环境条件，环境温度低于−15℃时为高寒环境。当环境温度低于−20℃时，不宜开展无人机巡检工作。

（2）在低温环境条件下，应采取以下配置和措施：

1）一般宜优先采用油动型无人机巡检系统。

2）对于机载电池（包括动力电池和设备供电电池），应选择低温放电性能好的电池，−10℃时放电能力不低于90％。

3）机身宜配置具备保温和加热功能的电池盒，在启动阶段可对机载电池进行预热，启动后进行保温，以保证电池工作正常。

4）地面站系统宜配置保温设施，特别是对大尺寸液晶显示屏要防止冻裂。

5）任务设备各转动部件应采用防冻润滑油，以防出现转动不灵活和卡涩现象。

6）作业人员应佩戴专用作业手套，具备防寒保暖功能，且具有良好感知能力，不影响作业操控。

7）在雪地条件下，作业人员宜佩戴专用护目镜。

（3）在高寒环境条件下，还应采取以下配置和措施：

1）应优先采用油动型无人机巡检系统。

2）应使用防冻燃油。

3）地面站系统的显示部件、任务设备应配置保温设施。

4）各关键部件，如GPS、IMU及其他参数测量模块应具有良好的低温环境适应性。

5）对于胶皮和塑料类零部件，应采用耐低温性能良好的材料制造。

（4）在高海拔环境下，还应采取以下配置和措施：

1）无人机巡检系统应选用安全性能良好的电池组件作为载机电池，不应使用软包电池，防止内外气压不均衡导致的电池鼓胀。

2）对于无人直升机巡检系统，应使用桨效较高的桨叶。

3）对于弹射起飞的固定翼无人机巡检系统，弹射起飞架应进行延长处理，保证起飞时的初速度达到放飞要求。

第四节　全真可视化虚拟无人机巡线控制技术

为确保输电线路的安全，无人机应在输电线路安全距离之外；为保证巡线的清晰度，无人机与输电线路距离又不能太远。两者距离的控制一般是通过现场操作员在视距

范围内进行遥控实现。这种控制方式带来两个问题，其一是不在现场的人员难以了解无人机的实时状况，其二是当无人机飞出视距后难以对无人机进行控制。现场目视操作无人机的方式制约了巡线的范围和效率。

一、全真可视化虚拟无人机巡线控制系统的组成及原理

1. 系统组成

针对无人机巡线作业过程中，超出视距后难以准确控制的问题，通过构建三维数字地图环境、无人机三维模型、任务设备三维模型、真实数据与虚拟环境的接口模型等，形成了全真可视化虚拟无人机巡线控制系统。该系统能够有效地实现无人机三维模型、任务设备三维模型在虚拟环境中与真实无人机在真实环境中的空间同步和对真实无人机的远程控制。

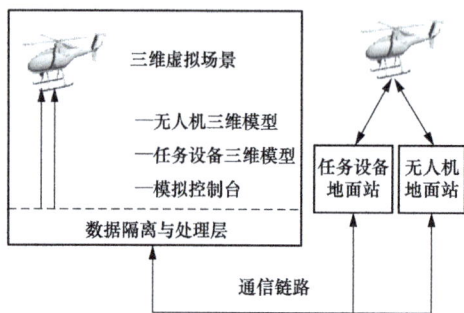

图 6-22　全真可视化虚拟飞行器巡线控制原理

在巡线过程中，利用数据通信技术实时传输无人机平台、任务设备的运动参数信息，通过静态、动态场景驱动，实现三维虚拟模型与真实无人机及任务设备的同步运动，从而让操作员"身临其境"地实时获取无人机的运动状态及周边的巡线环境，为无人机巡线的超视距、精准控制提供了基础。该系统原理如图 6-22 所示。

2. 系统结构原理

全真可视化虚拟飞行器巡线控制系统如图 6-23 所示。

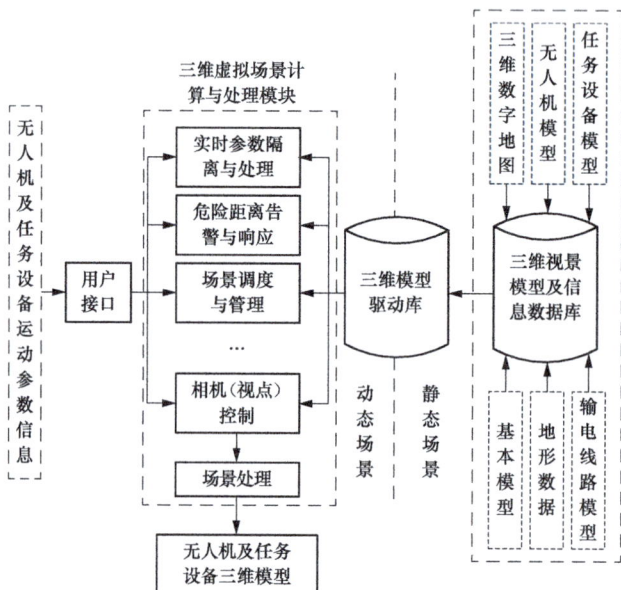

图 6-23　全真可视化虚拟飞行器巡线控制系统

（1）无人机及任务设备运动参数信息。无人机及任务设备参数来源于真实无人机和任务设备运动状态信息，通过无人机和任务设备地面控制站送至计算机服务器。其中无人机的运动状态参数包括飞行高度、水平位置（经纬度）、飞行速度、俯仰角、航向、升降速度等。任务设备吊舱的运动状态参数包括吊舱的方位角、俯仰角。吊舱传感器参数包括单反相机焦距变化信息和摄像机焦距变化信息。

（2）用户接口。用户接口接收不同格式的无人机和任务设备吊舱的运动参数信息，并将其解码后，送至无人机和任务设备吊舱三维模型的驱动端。用户接口包括无人机驱动接口和任务设备驱动接口。

无人机驱动对无人机姿态运动定义了三个驱动接口，即俯仰角运动、滚转角运动、偏航角运动接口；对无人机轨迹运动定义了三个驱动接口，即纬度信息、经度信息和高度信息接口。无人机三维模型与真实无人机的同步时间以无人机地面站的时钟为基准。

任务设备吊舱驱动定义了水平视线角驱动和垂直视线角驱动接口。

（3）三维视景模型及信息数据库。主要包括：

1）多种机型的无人机三维模型。

2）多种类型的任务设备三维模型。

3）飞行区域地形地貌信息。

4）用于提供输电线路精确地理坐标信息的三维数字地图。

（4）三维模型驱动库。三维模型驱动包括动态场景和静态场景驱动。

1）动态场景驱动。动态场景的驱动对象为无人机和任务设备吊舱三维模型。视景仿真程序根据场景模型及场景中各类仿真对象运行时的状态参数生成实时视景。视景仿真的结果以图像的方式输出，用户可以直观地观察到仿真对象运动状态。

2）静态场景驱动。静态场景为三维数字地图、输电线路目标等，静态场景驱动主要实现两项功能，其一是能够根据使用者的需要对场景进行缩放；其二是能够根据无人机和任务设备吊舱等运动目标的姿态变化连续切换场景视角。

（5）三维虚拟场景计算与处理模块。用来实现无人机三维模型在虚拟场景中的运动变换显示、任务设备吊舱的拍摄视点在三维模型在虚拟场景中的变换、运动参数显示，以及无人机与输电线路的危险距离报警等。

二、全真可视化虚拟飞行器巡线控制系统设计与实现

该系统的设计通过显示层、驱动层、接口层和控制层四个逻辑层次实现，如图 6-24 所示。

1. 显示层

显示层是系统人机交互界面，该层中三维模型的位置信息及运动状态与真实环境中的场景和无人机、任务设备吊舱保持完全同步。该层包括无人机、任务设备吊舱和可见光传感器的三维矢量模型、三维数字地图、输电线路三维模型、无人机和任务设备的运动参数界面、无人机和任务设备的虚拟控制界面、单反相机和摄像机的视点等内容。

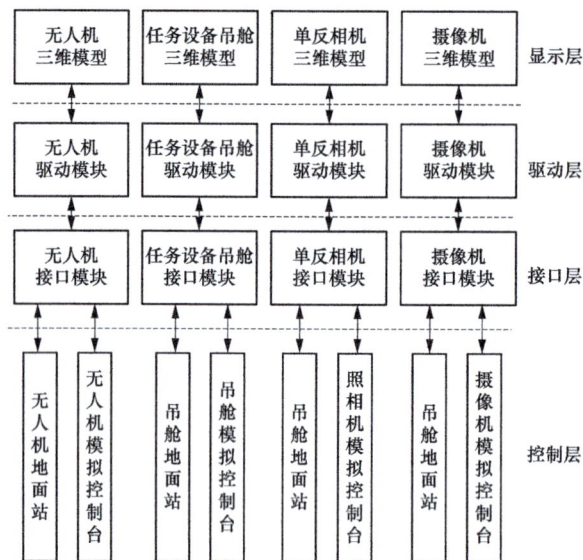

图 6-24　系统逻辑关系层次图

无人机、任务设备吊舱和可见光传感器的三维矢量模型、输电线路三维模型利用3DSMAX图形工具按照与实物1∶1的比例建立，然后在 SuperMap 三维场景引擎中形成.SGM 三维动态模型，如图 6-25 所示。

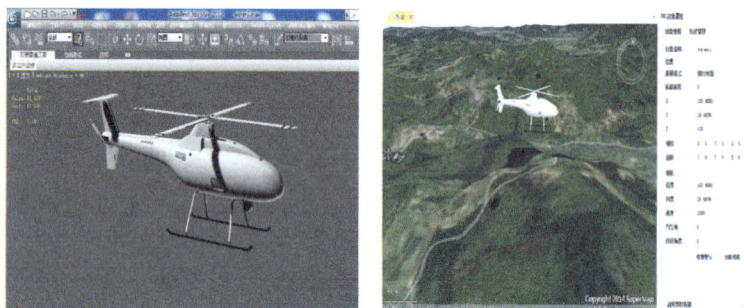

图 6-25　无人机三维模型和三维动态模型

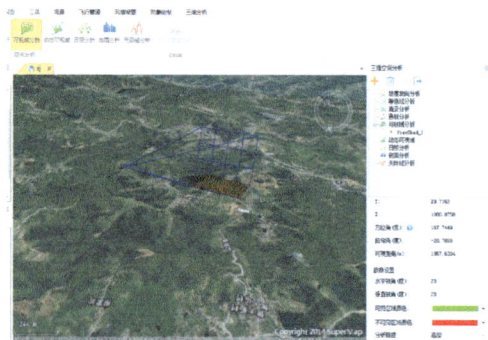

图 6-26　照相机和摄像机的视点示意图

三维虚拟场景采用基于激光扫描的高清点云数据，在 SuperMap 引擎中叠加地形影像构成，形成高精度三维数字地图场景。

照相机和摄像机的视点利用动态可视域进行建模，将来自传感器的角度和焦距变化信息转换为三维虚拟环境中的视线角模型，如图 6-26 所示。

2. 驱动层

驱动层为显示层的图形界面提供运动的映射关系。

（1）无人机三维模型驱动。包括线运动和角运动的驱动。

1）无人机三维模型质心的线运动驱动。利用真实无人机空间坐标信息作为驱动源数据，将真实无人机坐标变化参数映射到三维数字地图中的地理坐标位置，将无人机三维模型的质心定位到该坐标，当坐标信息的更新率不小于 24 帧/s 时，无人机三维模型就会在三维虚拟场景中连续运动。为实现虚拟场景与真实环境空间位置信息的一致，在进行解算时虚拟场景中采用与 GPS 系统相同的 WGS-84 坐标系统，在该坐标系下位置信息使用经度、纬度和高度格式进行解算。

2）无人机三维模型的角运动驱动。利用真实无人机回传的俯仰角、倾斜角、偏航角、速度等参数，经解算后转换为三维虚拟场景中的数据格式进行映像，使三维虚拟环境的地理坐标与机体坐标对应关系，与真实环境中的地理坐标与机体坐标对应关系完全一致，为确保无人机三维模型与真实无人机运动的同步性和一致性，除在虚拟场景中采用与真实环境相同的坐标体系外，还在数据传输过程中进行数据的 CRC 校验和时间校准，通过 CRC 校验对接收到的数据的正确性进行校验，从而实现无人机三维模型与真实无人机运动的一致性，通过地面站提供的精确到毫秒的时间戳来实现无人机三维模型与真实无人机运动的同步性。

（2）任务设备吊舱三维模型驱动。任务设备吊舱三维模型驱动原理与无人机三维模型驱动原理相同，不同之处在于任务设备吊舱的运动是建立在陀螺稳定平台上的，陀螺稳定平台能够将任务设备吊舱中的单反相机和摄像机稳定在空间基准位置，不受无人机姿态变化的影响，所以设备吊舱相对于平台的运动方位角和俯仰角即为其在空间运动的方位角和俯仰角。

（3）单反相机和摄像机三维模型驱动。通过任务设备吊舱三维模型驱动确定单反相机和摄像机的视线角，利用单反相机和摄像机的焦距信息计算出拍摄距离，从而获得它们的视距和视野信息，利用视距和视野信息在虚拟场景中形成单反相机和摄像机的视点，并根据任务设备吊舱角度变化、单反相机和摄像机焦距变化来驱动虚拟场景中的视点变化。

3. 接口层

接口层实现两项功能，其一是将无人机和任务设备吊舱地面站的运动参数数据进行正确解码；其二是实现系统控制层与驱动层的有效隔离，控制层与驱动层数据隔离。它包括无人机数据接口、吊舱数据接口、单反相机数据接口和摄像机数据接口。

（1）运动参数数据解码。根据外接无人机、任务设备吊舱、单反相机和摄像机的通信协议，将其数字信号解码为对应的模拟信号，并将各模拟信号转换为对应三维动态模型的驱动信号，以无人机运动参数的解码与转换为例进行说明。真实无人机回传的运动姿态信息用 ASCII 以一定的协议格式通过地面站送至全真可视化虚拟飞行器巡线控制系统的接口层，接收到的运动参数信息如下：

01 44 02 27 80 00 02 90 00 00 04 75 00 00 05 70 11 A3 C4 C0 47 D1 7C 80 8E 43 00 00 00 00 00 00 00 00 00 00 00 00 00 00 80 00 00 08 00 00 00 EA 80 00 0E 43 07 DE 0B 1E 08 00 00 00 00 A7 86 03

其中 01 为帧头标识、03 为帧尾标识，参数解码协议见表 6-1。

表 6-1   无人机运动参数解码协议

字节号	1	2～3	4～7	8～11	12～15	16～19	20～23
定义	数据类别	前进速度	爬升速度	高度	主桨转速	纬度	经度
字节号	24～25	26～29	30～33	35～38	39～42	43～46	47～50
定义	航向	俯仰角速度	滚转角速度	偏航角速度	俯仰角	滚转角	偏航角
字节号	51～52	53	54	55	56	57	58～59
定义	年	月	日	时	分	秒	毫秒

接口层按表 6-1 所示协议进行解码，得到无人机运动参数信息，送至驱动层，驱动无人机三维模型在虚拟场景中运动。

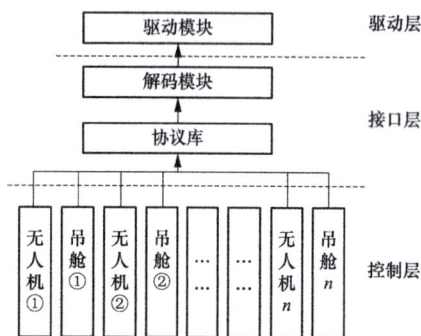

图 6-27　控制层与驱动层数据隔离示意图

（2）控制层与驱动层数据隔离。进行数据隔离的优势在于一个无人机接口模块可以对应多种型号无人机的飞行参数据协议，如图 6-27 所示。在控制层中将各型号无人机飞行参数数据协议解码程序进行封装，在使用过程中，只需根据不同机型选择相应的接口即可。

4. 控制层

控制层既能接收来自外界环境真实运动参数数据，驱动虚拟场景中三维动态模型，实现真实环境与虚拟场景中无人机和任务设备吊舱的同步；也能通过系统本身的虚拟控制台对虚拟场景中的无人机和任务设备吊舱进行虚拟控制。无人机和任务设备的虚拟控制台，采用 VC 开发的图形化控制和显示界面，如图 6-28 所示。在对无人机的控制中，考虑到旋翼无人机的运动特点，忽略俯仰和倾斜两个运动余度，以无人机的机体坐标系为基准对无人机进行升降、纵向、横向和偏航四个余度的控制，各操纵量的极性定义如下：

1）升降控制，沿机体轴的 Y 轴向上为正，向下为负。

2）纵向控制，沿机体轴的 X 轴向前为正，向后为负。

3）横向控制，沿机体轴的 Z 轴向右为正，向左为负。

4）偏航控制，机体轴 X 轴绕 Y 轴偏转，向右偏转为正，向左偏转为负。

虚拟控制台包括无人机控制台、吊舱控制台、单反相机控制台、摄像机控制台。

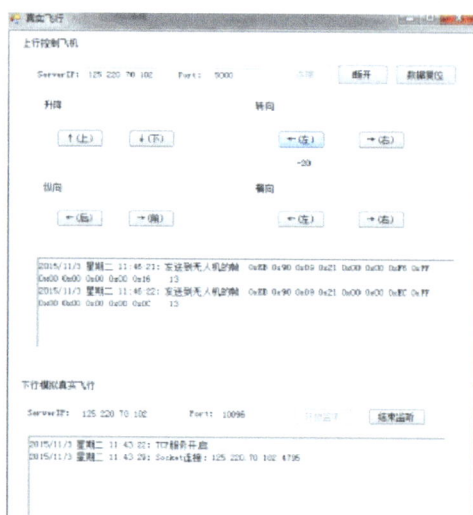

图 6-28　无人机和任务设备的虚拟控制界面图

三、实验验证

依照先部分后整体，逐层深入的原则展开系统的实验验证。

（1）系统与无人机地面站下行通信及数据解码实验。通过 TCP/IP 接口建立系统与地面站的数据链接，地面站模拟无人机飞行参数信息通过下行接口以 ASCII 的形式向系统发送数据，系统接收数据信息后进行同步解码，将其还原为飞行参数信息，经验证接收与解码数据及时准确。

（2）系统与无人机地面站进行上行通信实验。通过 TCP/IP 接口建立系统与地面站的数据链接，通过系统的模拟控制台向地面站发出无人机的控制信息，地面站能够识别控制信息。

（3）系统与无人机进行地面实验台联调。系统与无人机、无人机地面站构成闭环回路，通过无人机飞控计算机向地面站发出无人机运动状态信息，地面站实时向该系统转发，系统中的无人机三维模型实现与真实无人机的联动；系统模拟控制台向无人机地面站发出控制指令，地面站实时向无人机转发控制信息，无人机舵面能同步响应控制指令。

（4）系统与无人机系统进行真实飞行实验。选择一条长 2400m 的实验线路进行实地飞行，实际飞行时间为 20min，飞行距离为 1800m，实验过程中对系统与真实无人机的同步飞行，系统对真实无人机的控制分别进行了验证，能够实现无人机三维模型在虚拟场景中与真实无人机的位置与姿态的同步，并且能够对真实无人机飞行姿态和运动轨迹进行有效控制。

四、面临的实际问题

无人机用于电力系统巡线作业中面临的实际问题出发，提出了将三维地理信息系统与无人机三维模型相结合的虚拟无人机巡线控制系统的设计方法，利用三维地理信息系统构成无人机三维模型的飞行场景，通过与真实无人机地面站的实时数据通信，实现无人机三维模型与真实无人机的姿态与空间轨迹运动同步。通过虚拟控制系统与无人机地面站的上行通信，实现了对无人机作业飞行的第三方远程控制。

全真可视化虚拟无人机巡线控制实现了对电力巡线无人机系统的远程全真化监视和控制，对提高无人机巡线作业的安全性和效率具有重要意义。

运用该技术方法进行无人机虚拟控制时，面临的最大问题是虚拟场景选用的坐标系与实际场景坐标系一致性的问题，由于目前各测绘机构绘制的各区域三维地理信息系统所选用的坐标体系包括 WGS-84 大地坐标系、1954 北京坐标系、1980 国家大地坐标系、2000 国家大地坐标系等不尽相同，在各坐标系中的位置关系也不一样，如何在该系统中有效利用不同坐标系下的地理信息需要展开进一步的研究。

附录 A　架空输电线路无人机巡检作业现场勘察记录单

勘察单位＿＿＿＿＿＿　　　编号＿＿＿＿＿＿

勘察负责人＿＿＿＿＿＿＿勘察人员＿＿＿＿＿＿＿＿＿＿＿＿＿＿

勘察的线路或线段的双重名称及起止杆塔号：

＿＿＿＿＿＿＿＿＿＿＿＿＿＿＿＿＿＿＿＿＿＿＿＿＿＿＿＿＿＿

＿＿＿＿＿＿＿＿＿＿＿＿＿＿＿＿＿＿＿＿＿＿＿＿＿＿＿＿＿＿

勘察地点或地段：

＿＿＿＿＿＿＿＿＿＿＿＿＿＿＿＿＿＿＿＿＿＿＿＿＿＿＿＿＿＿

＿＿＿＿＿＿＿＿＿＿＿＿＿＿＿＿＿＿＿＿＿＿＿＿＿＿＿＿＿＿

巡检内容：

＿＿＿＿＿＿＿＿＿＿＿＿＿＿＿＿＿＿＿＿＿＿＿＿＿＿＿＿＿＿

＿＿＿＿＿＿＿＿＿＿＿＿＿＿＿＿＿＿＿＿＿＿＿＿＿＿＿＿＿＿

现场勘察内容

1. 作业现场条件：
2. 地理地形条件及净空环境：
3. 空域管制情况：
4. 核查线路地理坐标、巡检区域飞行限制点坐标：
5. 应采取的安全措施：
6. 起降场地：
7. 航线示意图：

记录人：＿＿＿＿　　勘察日期：＿＿年＿月＿日＿时＿分至＿＿年＿月＿日＿时＿分

附录 B　架空输电线路无人机巡检作业工作票

单位_____　编号_____

1. 工作负责人_____　　工作许可人_____

2. 工作班_____

　　工作班成员（不包括工作负责人）_____

3. 无人机巡检系统型号及组成

_____

4. 工作地点及巡检线路

_____

5. 工作任务：

巡检线段 （注明起飞、降落地点，线路的起止杆号）	工作内容

6. 审批的空域范围

_____

7. 计划工作时间

自____年__月__日__时__分

至____年__月__日__时__分

8. 安全措施（必要时可附页绘图说明）：

8.1 飞行巡检安全措施_____

_____

8.2 安全策略_____

_____

8.3 其他安全措施和注意事项_____

_____

工作票签发人签名_____　　　　　　年___月___日___时___分

工作负责人签名_____　　　　　　年___月___日___时___分收到工作票

9. 确认本工作票1～8项，许可工作开始

许可方式	许可人	工作负责人	许可工作的时间
			年　月　日　时　分

10. 确认工作负责人布置的工作任务和安全措施

班组成员签名：

_____

_____

11. 工作负责人变动情况

原工作负责人_____离去，变更_____为工作负责人。

工作票签发人签名_____　_____年__月__日___时___分

12. 工作人员变动情况（变动人员姓名、日期及时间）

_____

_____

13. 工作票延期

有效期延长到___年__月__日___时___分

工作负责人签名_____　　_____年__月__日___时___分

工作许可人签名_____　　_____年__月__日___时___分

14. 工作间断

工作间断时间___年__月__日___时___分

工作负责人签名_____　　_____年__月__日___时___分

工作许可人签名_____　　_____年__月__日___时___分

工作恢复时间___年__月__日___时___分

工作负责人签名_____　　_____年__月__日___时___分

工作许可人签名_____　　_____年__月__日___时___分

15. 工作终结

作业人员已全部撤离，无人机巡检系统已撤收完毕，现场已清理完毕，工作终结；于___年__月__日___时___分　工作负责人向工作许可人_____用_____方式汇报。

16. 工作票终结

无人机巡检系统已撤收完毕，巡检作业于___年__月__日___时___分结束。

17. 备注

（1）指定专责监护人_____负责监护_____

_____（人员、地点及具体工作）

（2）其他事项_____

_____

附录 C　架空输电线路无人机应急巡检作业单

单位_____编号_____

1. 工作负责人_____　工作许可人_____

2. 工作班_____

工作班成员（不包括工作负责人）_____

3. 无人机巡检系统型号及组成_____

4. 使用空域范围

_____

5. 巡检任务

_____

6. 安全措施

_____

7. 注意事项

_____

8. 上述1～7项由工作负责人_____根据应急任务布置人_____的布置填写。

9. 许可方式及作业时间

许可方式：_____

许可时间：_____年__月__日___时___分至_____年__月__日___时___分。

10. 巡检作业结束汇报

本巡检作业开始于_____年__月__日___时___分，结束于_____年__月__日___时___分。

现场设备状况：

_____

保留安全措施：

_____

作业人员已全部撤离，无人机巡检系统已撤收完毕，现场已清理完毕，无人机应急巡检作业已终结。

工作负责人（签名）_____　工作许可人（签名）_____

填写时间_____年__月__日___时___分

附录 D 架空输电线路无人机巡检系统使用记录单

编号：　　　　　　　　　　　　　　　　　　　　　　　　巡检时间：＿＿＿年＿＿月＿＿日

使用机型							
巡检线路		天气		风速		气温	
工作负责人				工作许可人			
操控手		程控手		任务手		机务	
架次				巡检时长			
1. 系统状态	记录输电线路无人机巡检系统航前、航后检查情况，飞行过程中的状态等						
2. 航线信息	如为首次巡检的航线，记录巡检航线周边环境信息，否则记录周边环境信息的变化情况。周边环境信息包括空中危险区、空中限制区、重要建筑和设施、人员活动密集区、通信阻隔区、无线电干扰区、大风或切变风多发区和森林防火区等的位置和分布						
3. 其他	记录巡检过程中无人机巡检系统出现的其他异常情况						

记录人（签名）：＿＿＿＿＿＿　　　　工作负责人（签名）：＿＿＿＿＿＿

附录 E 固定翼无人机标准操作票及样票示例

合格/不合格   操作票编号：_____

××固定翼无人机标准操作票		

作业任务：

日期		天气		温度	
风向		起飞点		着陆点	
起飞时间		着陆时间		总航程	

√	序号	操作步骤
	1	检查机身各部件完好。
	2	打开相机镜头盖。
	3	检查存储卡并打开相机上电开关。
	4	相机检校时间。
	5	检查相机电压、参数。光圈值____快门值_____ISO 值___。
	6	相机试拍正常、图像正常。
	7	打开 GPS 追踪仪，放入飞机。
	8	检查电台、数据线、天线连接正常。
	9	计算机或地面站电压检查。
	10	飞机上电建立连接。
	11	完成地面站提示各项飞前检查。
	12	打开自驾仪再关闭自驾状态待飞。
	13	连接上网卡下载地图。
	14	设置航线 采集 0 点、1 点、降落点。
	15	发送航线并再次请求航线，核对正确。
	16	进行相机试拍。
	17	弹射起飞。
	18	记录起飞时间。
	19	检查飞机空速、姿态、油门正常。
	20	检查 GPS 追踪仪监控正常。
	21	检查数据链情况正常。
	22	检查飞机降落正常。
	23	记录着陆时间。
	24	关闭自驾仪。
	25	将 pos 数据下载保存到安全位置。
	26	关闭相机电源和飞机电源。
	27	检查飞机外观并清洁飞机。

备注：

操控手＿＿＿＿＿　　程控手＿＿＿＿＿　　工作负责人＿＿＿＿＿

合格/不合格　**合 格**　操作票编号：2014-01-GDY-001-001

××固定翼无人机标准操作票（样票）					
作业任务：××线通道巡检					
日期	2014-01-01	天气	晴	温度	27℃
风向	东南	起飞点	杭州余杭	着陆点	杭州余杭
起飞时间	10：20	着陆时间	11：05	总航程	39km
√	序号	操作步骤			
√	1	检查机身各部件完好。			
√	2	打开相机镜头盖。			
√	3	检查存储卡并打开相机上电开关。			
√	4	相机检校时间。			
√	5	检查相机电压、参数。光圈值＿6.3＿ 快门值＿1/1000＿ ISO值＿800＿。			
√	6	相机试拍正常、图像正常。			
√	7	打开GPS追踪仪，放入飞机。			
√	8	检查电台、数据线、天线连接正常。			
√	9	计算机或地面站电压检查。			
√	10	飞机上电建立连接。			
√	11	完成地面站提示各项飞前检查。			
√	12	打开自驾仪再关闭自驾状态待飞。			
√	13	连接上网卡下载地图。			
√	14	设置航线 采集0点、1点、降落点。			
√	15	发送航线并再次请求航线，核对正确。			
√	16	进行相机试拍。			
√	17	弹射起飞。			
√	18	记录起飞时间。			
√	19	检查飞机空速、姿态、油门正常。			
√	20	检查GPS追踪仪监控正常。			
√	21	检查数据链情况正常。			
√	22	检查飞机降落正常。			
√	23	记录着陆时间。			
√	24	关闭自驾仪。			
√	25	将pos数据下载保存到安全位置。			
√	26	关闭相机电源和飞机电源。			
√	27	检查飞机外观并清洁飞机。			
		已 执 行			
备注：从50号杆塔沿小号侧飞至20号杆塔。					

操控手　王五　　　程控手　李四　　　工作负责人　张三

合格 **合** 不合 **格**

操作票编号：2014-01-GDY-001-002

××固定翼无人机标准操作票（样票）					
作业任务：××线通道巡检					
日期	2014-01-01	天气	晴	温度	27℃
风向	东南	起飞点		着陆点	
起飞时间		着陆时间		总航程	
√	序号	操作步骤			
√	1	检查机身各部件完好。			
√	2	打开相机镜头盖。			
√	3	检查存储卡并打开相机上电开关。			
√	4	相机检校时间。			
√	5	检查相机电压、参数。光圈值__6.3__ 快门值__1/1000__ ISO值__800__。			
√	6	相机试拍正常、图像正常。			
√	7	打开 GPS 追踪仪，放入飞机。			
√	8	检查电台、数据线、天线连接正常。			
√	9	计算机或地面站电压检查。			
√	10	飞机上电建立连接。			
√	11	完成地面站提示各项飞前检查。			
√	12	打开自驾仪再关闭自驾状态待飞。			
√	13	连接上网卡下载地图。			
√	14	采集 0 点、1 点、降落点并设置航线。			
√	15	发送航线并再次请求航线，核对正确。			
	16	进行相机试拍。			
	17	弹射起飞。　　不执行			
	18	记录起飞时间。			
	19	检查飞机空速、姿态、油门正常。			
	20	检查 GPS 追踪仪监控正常。			
	21	检查数据链情况正常。			
	22	检查飞机降落正常。			
	23	记录着陆时间。			
	24	关闭自驾仪。			
	25	将 pos 数据下载保存到安全位置。			
	26	关闭相机电源和飞机电源。			
	27	检查飞机外观并清洁飞机。			
备注：因航线无法发送给无人机，不能执行作业任务。 张三 2014-01-01					

操控手　王五　　　程控手　李四　　　工作负责人　张三

附录 F 小型旋翼无人机操作票及样票示例

合格/不合格

操作票编号：＿＿＿＿＿＿＿＿

<table>
<tr><td colspan="6" style="text-align:center">××小型旋翼无人机标准操作票</td></tr>
<tr><td colspan="6">作业任务：</td></tr>
<tr><td>日期</td><td></td><td>天气</td><td></td><td>温度</td><td></td></tr>
<tr><td>风向</td><td></td><td>风速</td><td></td><td>起飞时间</td><td></td></tr>
<tr><td>起飞电压</td><td></td><td>着陆时间</td><td></td><td>着陆电压</td><td></td></tr>
<tr><td>√</td><td>序号</td><td colspan="4">操作步骤</td></tr>
<tr><td></td><td>1</td><td colspan="4">检查无人机外观及整体结构正常。</td></tr>
<tr><td></td><td>2</td><td colspan="4">检查 SD 卡有足够容量，并插入卡槽。</td></tr>
<tr><td></td><td>3</td><td colspan="4">打开遥控手柄开关，检查各功能开关位置正确，电压＿＿V。</td></tr>
<tr><td></td><td>4</td><td colspan="4">打开地面控制站，安装天线并检查地面站电压＿＿V。</td></tr>
<tr><td></td><td>5</td><td colspan="4">安装电池，并接通电源。</td></tr>
<tr><td></td><td>6</td><td colspan="4">进行无人机初始化操作。</td></tr>
<tr><td></td><td>7</td><td colspan="4">检查遥控手柄上方屏幕显示正确，无异常报警信号。</td></tr>
<tr><td></td><td>8</td><td colspan="4">打开地面站软件，检查无人机各信息正常、视频信号正常。</td></tr>
<tr><td></td><td>9</td><td colspan="4">检查 GPS 卫星锁定大于 5 颗，并记录无人机航向＿＿。</td></tr>
<tr><td></td><td>10</td><td colspan="4">启动电机，再次检查各信号正常。</td></tr>
<tr><td></td><td>11</td><td colspan="4">记录起飞时间及电池电压。</td></tr>
<tr><td></td><td>12</td><td colspan="4">进行低空悬停，检查飞行姿态正常。</td></tr>
<tr><td></td><td>13</td><td colspan="4">执行巡检拍摄任务。</td></tr>
<tr><td></td><td>14</td><td colspan="4">无人机着陆并关闭电机。</td></tr>
<tr><td></td><td>15</td><td colspan="4">记录着陆时间及电池电压。</td></tr>
<tr><td></td><td>16</td><td colspan="4">断开电池连接。</td></tr>
<tr><td></td><td>17</td><td colspan="4">关闭遥控手柄开关。</td></tr>
<tr><td></td><td>18</td><td colspan="4">关闭地面站电源。</td></tr>
<tr><td></td><td>19</td><td colspan="4">复制 SD 卡内巡检照片，并检查照片是否满足巡检要求。</td></tr>
<tr><td></td><td>20</td><td colspan="4">整理无人机及其附属设备。</td></tr>
<tr><td></td><td></td><td colspan="4"></td></tr>
<tr><td></td><td></td><td colspan="4"></td></tr>
<tr><td></td><td></td><td colspan="4"></td></tr>
<tr><td></td><td></td><td colspan="4"></td></tr>
<tr><td></td><td></td><td colspan="4"></td></tr>
<tr><td></td><td></td><td colspan="4"></td></tr>
<tr><td colspan="6">备注：</td></tr>
</table>

操控手＿＿＿＿   程控手＿＿＿＿   工作负责人＿＿＿＿

合格/不合格

操作票编号：2014-04-ZSJ-001-002

××小型旋翼无人机标准操作票（样票）					
作业任务：××线 50 号杆塔精细化巡检					
日期	2014-04-05	天气	晴	温度	27℃
风向	西	地面风速	3m/s	起飞时间	10：10
起飞电压	17V	着陆时间	10：25	着陆电压	14.7V

√	序号	操作步骤
√	1	检查无人机外观及整体结构正常。
√	2	检查 SD 卡有足够容量，并插入卡槽。
√	3	打开遥控手柄开关，检查各功能开关位置正确，电压__4__V。
√	4	打开地面控制站，安装天线并检查地面站电压__12__V。
√	5	安装电池，并接通电源。
√	6	进行无人机初始化操作。
√	7	检查遥控手柄上方屏幕显示正确，无异常报警信号。
√	8	打开地面站软件，检查无人机各信息正常、视频信号正常。
√	9	检查 GPS 卫星锁定大于 5 颗，并记录无人机航向__90°__。
√	10	启动马达，再次检查各信号正常。
√	11	记录起飞时间及电池电压。
√	12	进行低空悬停，检查飞行姿态正常。
√	13	执行巡检拍摄任务。
√	14	无人机着陆并关闭电机。
√	15	记录着陆时间及电池电压。
√	16	断开电池连接。
√	17	关闭遥控手柄开关。
√	18	关闭地面站电源。
√	19	复制 SD 卡内巡检照片，并检查照片是否满足巡检要求。
√	20	整理无人机及其附属设备。
		已 执 行
备注：完成××线 50 号杆塔 A、B 相精细化巡检。		

操控手__王五__   程控手__赵六__   工作负责人__张三__

合格/不合格

操作票编号：2014-04-ZSJ-001-003

××小型旋翼无人机标准操作票（样票）						
作业任务：××线 50 号杆塔精细化巡检						
日期	2014-04-05	天气		晴	温度	27℃
风向	西	地面风速		3m/s	起飞时间	
起飞电压		着陆时间			着陆电压	

√	序号	操作步骤
√	1	检查无人机外观及整体结构正常。
√	2	检查 SD 卡有足够容量，并插入卡槽。
√	3	打开遥控手柄开关，检查各功能开关位置正确，电压__4__V。
√	4	打开地面控制站，安装天线并检查地面站电压__12__V。
√	5	安装电池，并接通电源。
√	6	进行无人机初始化操作。
	7	检查遥控手柄上方屏幕显示正确，无异常报警信号。
	8	打开地面站软件，检查无人机各信息正常、视频信号正常。
	9	检查 GPS 卫星锁定大于 5 颗，并记录无人机航向____。
	10	启动电机，再次检查各信号正常。
	11	记录起飞时间及电池电压。
	12	进行低空悬停，检查飞行姿态正常。
	13	执行巡检拍摄任务。
	14	无人机着陆并关闭电机。
	15	记录着陆时间及电池电压。
	16	断开电池连接。
	17	关闭遥控手柄开关。
	18	关闭地面站电源。
	19	复制 SD 卡内巡检照片，并检查照片是否满足巡检要求。
	20	整理无人机及其附属设备。

不执行

备注：遥控手柄报 10 号错误，不能执行作业任务。　张三 2014-4-05

无人机操作员__王五__　　地面站机务员__赵六__　　工作负责人__张三__

附录 G 旋翼无人机巡检飞行前检查工作单

1. 现场环境及地面站检查		
序号	检查内容	检查确认
1.1	使用风速仪检查风速是否超过限值	
1.2	使用测频仪检查起降点四周是否存在同频率信号干扰	
1.3	评估微地形（垭口、山区、连续上下坡）是否存在上升、下降气流等对飞行安全存在隐患的情况	
1.4	架设遥控、遥测天线，并检查连接可靠	
检查人签名		
2. 旋翼无人机系统检查		
2.1	机体检查	
2.2	发动机检查	
2.3	电气检查	
检查人签名		
3. 任务载荷系统检查		
3.1	任务设备中相机、摄像机红外热成像仪等设备正常，电池电量充足	
3.2	任务设备与旋翼无人机电气连接检查	
3.3	开机后任务设备操控是否正常	
检查人签名		
4. 测控系统检查		
4.1	地面测控设备检查	
4.2	开机后测控系统上、下行数据检查	
检查人签名		
以上地面站架设及各系统检查完毕，确认无误，工作负责人签名后方可起飞作业	工作负责人	

附录 H　固定翼无人机巡检飞行前检查工作单

1. 现场环境检查		
序号	检查内容	检查确认
1.1	天气是否适合作业	
1.2	地理环境是适合作业	
1.3	使用测频仪检查起降点周围是否存在信号干扰	
检查人签名		
2. 固定翼无人机检查		
2.1	机体是否正常	
2.2	发动机是否正常	
2.3	电气检查是否正常	
检查人签名		
3. 任务设备检查		
3.1	任务设备电池电量是否充足	
3.2	任务设备与无人机电气连接是否正常	
3.3	开机后任务设备操控是否正常	
检查人签名		
4. 地面站系统检查		
4.1	测控设备是否正常	
4.2	航线规划及上传是否正常	
4.3	安全策略是否合适	
4.4	地理信息是否正常	
检查人签名		
以上检查完毕，确认无误，工作负责人签名后方可起飞作业	工作负责人	

参 考 文 献

[1] REG AUSTIN. 无人机系统设计开发与应用 [M]. 陈自力，董海瑞，江涛，译. 北京：国防工业出版社，2013.

[2] 于德明，武艺，陈东方，等. 直升机在特高压交流输电线路巡视中的应用 [J]. 电网技术，2010. 34（2）：29-32.

[3] 黄建峰，姜云土，时满宏，等. 全真可视化虚拟无人机巡线控制技术研究 [J]. 空军预警学院学报，2016.02：49-53.

[4] 刘亚新. 高压输电线路巡视手册 [M]. 北京：中国电力出版社，2004.